マイコンボード＆電子工作ガイドブック

定番マイコンボード
Raspberry Pi3+

電子回路モジュール
PIECE

小型マイコンボード
Arduino Leonardo

フィジカル・コンピューティング
konashi 3.0

新世代マイコンボード
LattePanda

ガジェット分解
Bluetooth リモートシャッター

無線モジュール
TWELITE DIP

レトログラード機構
アナログメーター時計

無線モジュール
ESP8266

VFD管で置き時計
蛍光表示管時計

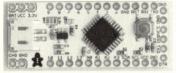
Arduino Pro Mini 互換
Ginger Bread

RGB フルカラー
7 セグメント LED

電子組み立てブロック
BOSON

「昇圧回路」を応用
非接触給電キット

はじめに

「Arduino」や「Raspberry Pi」「mbed」などの「マイコンボード」は、いまや電子工作の定番アイテム隣、一般ユーザーにも定着しています。

さらに「Micro:bit」「IchigoJam」など新世代のマイコンボードや、「ESP8266」「Wio LTE」といったネットワーク機能が使える製品も出てきています。

*

第1部では、以下のものを解説しています。

- 「Arduino」「Raspberry Pi」「mbed」などの定番マイコンボード
- 「Raspberry Pi Zero」「Arduino Leonardo」などの小型マイコンボード
- 「LattePanda」「IchigoJam」「micro:bit」「banana pi BPI-R2」などの新世代のマイコンボード
- 「ESP8266」「ESP32」「M5Stack」「TWELITE」などの無線対応のマイコンモジュール
- その他「Ginger Bread」「BOSON」「PIEC」「konashi3.0」などのマイコンボードやモジュール

*

第2部では、

- VFD管を使った時計製作
- レトログラード機構のアナログ時計製作
- PICで7セグメントLED点灯
- 非接触給電キットでLEDを点灯

などの実際の電子工作の作例を紹介しています。

※本書は、月刊「I/O」に掲載した電子工作に関する記事を基に再構成したものです。

I/O編集部

マイコンボード&電子工作ガイドブック
CONTENTS

はじめに 3

「ボード」「キット」編

定番マイコンボード 7
- 「定番マイコンボード」の機能
- 開発環境
- OSの有無
- 各マイコンボードの特徴

小型マイコンボード 13
- 「小型マイコンボード」の特徴
- 小型化によるメリット
- Raspberry Pi Zero
- 「Arduino Leonardo」互換 超小型ボード
- マイコンを内蔵した「FlashAir」

新世代のマイコンボード 16
- LattePanda
- IchigoJam
- micro:bit
- Wio LTE
- banana pi BPI-R2

無線対応マイコン・モジュール 32
- 「マイコン」と「周辺の部品」をひとまとめに
- 「Wi-Fi」「BLE」を搭載した「ESP8266」「ESP32」
- 省電力が売りの「TWELITE」

Ginger Bread 41
- 特徴とスペック
- 使用方法

BOSON 47
- 「BOSON」とは
- BOSON スターターキット

「電子回路モジュール」PIECE 54
- 「PIECE」の構成
- 「PIECE」のモジュール
- 「PIECE」の電気的仕様
- 「PIECE」の使い方例

konashi3.0 59
- 「konashi3.0」の概要
- 「konashi」まわりの技術環境
- 「konashi.js」から使ってみる

CONTENTS

電子工作編

「100円ショップ・ガジェット」を分解してみよう！ ……………………………… 66
- パッケージと外観
- 本体の開封
- 「電子回路ブロック」の確認
- Bluetooth通信の内容

「アナログメータ時計」を作る ……………………………………………………… 74
- 時計の表示部
- 時計の制御部
- 時計のケースデザイン
- 組み立て、完成

「蛍光表示管」(VFD管)を使った時計製作 ……………………………………… 80
- 「ニキシー管」よりも手頃
- 「VFD」の構造
- いろいろな「VFD管」
- 光らせてみる
- 並べてみる
- 「マイコン」を選ぶ
- テストで点灯させる
- USB昇圧電源
- 並べてみる
- 仕様を考える
- 電圧が足りない
- ダイナミック点灯？
- 必要電圧は何ボルト？
- VFD駆動用ドライバIC
- 昇圧回路
- 「DC-DCコンバータ」の設計
- 回路設計で使う「CAD」
- 「EAGLE」で便利な機能
- 部品配置を考える
- 回路設計とアートワーク
- 基板が出来てきた
- 注文は二度見して
- 実装してみる
- まっすぐに並ばない
- 実装してみる
- 「VFD」を取り付けた
- 戦場は「外側から内側へ」
- 「VFD」を付ける前にまずは
- 「VFD」の表示テスト
- 電圧が足りない？
- 特徴の解説
- とりあえずの完成
- 各部から見てみる

PICで「RGBフルカラー」の「7セグメントLED」点灯 ……………………… 102
- 「7セグメントLED」とは
- 「RGBフルカラー」7セグメントLED
- 「RGB7セグメントLED」点灯基本回路
- 点灯のためのシリアルデータ・プロトコル
- プログラムの中身
- 「1バイトデータ」から「1ビットデータ」を8つ切り出す
- 周期の異なる波形
- セグメントごとに色を変えるか
- 複数桁のRGB7セグメントLEDを接続して点灯

「非接触給電キット」で「LED」を点灯 …………………………………………… 121
- 「非接触給電」とは
- 非接触給電の「給電回路」と「受電回路」
- 「給電回路」をキットで組み立てる
- 「受電LED」を組み立てる
- 受電側の応用
- どのくらいの距離まで点灯するか
- コイルの方向による変化
- 「コイル径」を小さくする
- 複数の受電LEDを点灯
- 距離を延ばす工夫
- やっぱり中央で縦向き受電させたい
- 「インダクタ・コイル」でできないか
- 直流化受電する
- 非接触給電の応用
- "非接触"給電実験の面白さ

索引 …………………………………………………………………………………… 142

●各製品名は、一般的に各社の登録商標または商標ですが、Ⓡおよび TM は省略しています。

第1部

「ボード」「キット」編

ここでは、①「Arduino」「Raspberry Pi」「mbed」などの定番マイコンボード、②「Raspberry Pi Zero」「Arduino Leonardo」などの小型マイコンボード、③「LattePanda」「IchigoJam」「micro:bit」「banana pi BPI-R2」などの新世代のマイコンボード、④「ESP8266」「ESP32」「M5Stack」「TWELITE」などの無線対応のマイコンモジュール――を中心に解説していきます。

定番マイコンボード

「Arduino」「Raspberry Pi」「mbed」…

「定番マイコンボード」を、機能や開発環境などの視点から眺めてみましょう。

● nekosan

■「定番マイコンボード」の機能

● GPIO機能

　CPUの入出力端子、いわゆる「GPIO」端子は、「センサ」や「モータ」「通信機器」など、外部機器の制御のため、外部に接続して使います。

　これらの端子は、マイコンボード上で「コネクタ」と配線されており、機器などを接続してマイコンから制御できます。

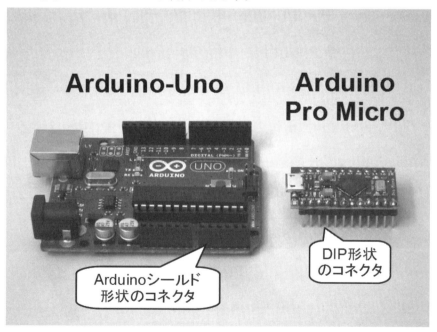

コネクタを通して「GPIO」を利用

通常、各「GPIO」端子には、「デジタル入出力」「アナログ入出力」「SPIやI2Cなどシリアル通信機能」といった、複数の機能が重畳されており、どの機能を使うかをアプリ中で選択できます。

● コネクタ形状

「Arduino互換マイコン」では、「コネクタ」は、「シールド」と呼ばれる拡張基板を、簡単に取り付けできる形状になっています。
一方、「DIP」形状のものは、「ブレッドボード」での利用に向いています。

● 拡張基板の接続

Arduinoの「シールド」や、Raspberry Piの「HAT」(後述)に対応した「拡張基板」は、各社から提供されており、「センサ」や「モータドライバ」などの機器を、ハンダ付けなしに、簡単に取り付けできます。

● 各種通信機能

最近のマイコンボードには、「Wi-Fi」「Bluetooth」「3G/4G」といった通信機能や、USB機器との接続機能が搭載されています。
また、「カメラ」や「LCD」の接続機能をもったマイコンボードもあります。

● 電源回路

「電源供給」の端子は、「USBコネクタ」の形状が多く採用されています。
通常は、PCからアプリを書き込むための端子と共用です。

供給された電力は、そのままCPUに供給されたり、DC/DC変換して「3.3V」などに降圧して供給されます。

「シリーズ・レギュレータ」は安定性やノイズ特性に優れますが、電力効率が良くありません。
一方、「スイッチング・レギュレータ」は、高効率な反面、「スイッチング・ノイズ」が問題になる場合もあります。

第1部 「ボード」「キット」編

■ 開発環境

定番マイコンボードは、ハードの機能面だけでなく、「統合開発環境(IDE)ソフト」や「ライブラリ類」が充実しています。

開発環境を大別すると、各種PC上で利用する「ローカル開発環境」と、Webブラウザで利用する「クラウド開発環境」があります。

● ローカル開発環境の代表「Arduino」

「ローカル開発環境」の代表例は、「Arduino IDE」です。

> ※ArduinoもクラウドE環境「Arduino Create」が利用可能。

「Arduino IDE」は、Windows、MacOS X、Linuxの、各OS用のものが公開されています。

これは、「Visual Studio」や「Eclipse」のようなフルスペックのものではなく、「テキスト・エディタ」「コンパイラ」「シリアルモニタ画面」といった、「必要最小限の機能」に絞られています。

● クラウド開発環境のはしり「mbed」

「クラウド開発環境」の代表例は「mbed」です。

Webブラウザで「オンラインIDE」を開いて、アプリの編集やコンパイルができます。

また、各種「ペリフェラル」(周辺機能)を扱うための「ライブラリ類」や「サンプル・プログラム」も充実しています。

「実行用バイナリ・ファイル」は、ダウンロードしてから、USB経由でマイコンボードに書き込むと、実行できます。

*

「クラウド開発環境」の利点は、難解な環境構築が不要なことで、初心者に優しい開発環境と言えます。

また、開発環境のアップデートはクラウド上で行なわれるので、自分でアップデートする手間も不要です。

定番マイコンボード 「Arduino」「Raspberry Pi」「mbed」…

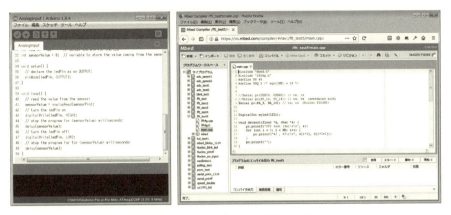

「Arduino」(左)と「mbed」(右)のIDE

■ OSの有無

● 「汎用OS」を利用するマイコン

「Raspberry Pi」は、「Linux OS」が利用できるマイコンボードの代表例です。

Linuxなどの「汎用OS」を利用すると、「ファイル・システム」や「USB機器」「ネットワーク通信」「アプリの実行管理」などをOS任せにできるので、アプリ作成時に楽ができます。

しかし、OS自体が処理能力やメモリ量を必要とするので、利用できるマイコンは限られます。

また、消費電力が大きくなったり、シビアなタイミング管理が困難、といったデメリットもあります。

● 「汎用OS」を利用しないマイコン

「Arduino」は、OSを利用しないマイコンの代表例です。
特定の1個のアプリがすべてのハード(CPUやペリフェラル)を専有するため、他のアプリから処理能力的な制約(待ち時間など)を受けません。

ただし、同時に1個のアプリしか動かせないので、複雑な処理には向きません。

● RTOS

「RTOS」は、「Real Time OS」のことで、複数のアプリ(タスク)の実行管理を行なう機能をもっています。

Linuxのような「汎用OS」と比べて、処理タイミングをシビアに管理することに主眼があり、「自動車のブレーキ制御」や「ロケット打ち上げ制御」など、「タイミング・クリティカル」な用途で利用されます。

一方、「ファイル・システム」や「USB機器などの管理機能」は、「RTOS」には含まれません。

■ 各マイコンボードの特徴

● Arduino

「Arduino」は、ソフト、ハードともにオープンソースなので、純正の「Arduinoボード」だけでなく、各社から「Arduino互換ボード」も登場しています。

インテル社の「Edison」、Espressif Systems社の「ESP-WROOM-32/02」や、後述のルネサス社「がじぇるね」も、「Arduino」環境で使います。

・「Arduino」の開発環境

「Arduino IDE」は、「VisualStudio」や「Eclipse」などに比べて、機能が最小限に限られており、初心者でも扱いやすいのが特徴です。

また、「C++」を使いやすくアレンジした独自言語や、充実したライブラリ類によって、各種ハードを容易に扱えます。

そして、ソフト面だけでなく、簡単に各種ハードを接続できる「シールド」が充実しているのも、「Arduino」環境の特徴です。

・「32ビット版Arduino」も登場

リファレンスボードである「Arduino-Uno」は、「8ビットCPU」なのでとても省電力ですが、メモリ量や処理速度が弱点で、あまり大きなアプリを組む

定番マイコンボード 「Arduino」「Raspberry Pi」「mbed」…

のには向きません。

そこで、メモリ量や処理速度向上のため、「32ビット版ARM CPU」を搭載した、「Arduino Zero」「Arduino M0」なども登場しました。

しかし、広く使われている「8ビット版Arduino」とは、完全な互換性はありません。

特に、「Arduino」は、「タイマ割り込み」機能をネイティブサポートしていないため、「8ビット版」では動いても、「32ビット版」では動かせないというケースも多くあります。

● Raspberry Pi

「Raspberry Pi」は、「小型省電力なLinuxマイコン」と「GPIO」を併せもっており、GUI環境やUSB接続など「汎用OSの機能」を利用しつつ、「Arduino」のように「GPIO」を通して、各種周辺機器の制御もできます。

最新の「Raspberry Pi3+」では、「Raspberry Pi3」の「1.2GHz 4コア」「2.4GHz帯Wi-Fi」「Bluetooth4.1」に加えて、「1.4GHz 4コア」「ギガビットLAN」「5GHz帯Wi-Fi対応」「Bluetooth4.2」と、各種性能が向上しました。

「Raspberry Pi3+」の新ギミック

第1部 「ボード」「キット」編

・「Raspberry Pi」のGPIO

　「Raspberry Pi」は、40ピン(初期版は26ピン)の「GPIOコネクタ」が利用できます。

　そして、この「GPIO」を利用しやすいように、主に「Python言語」用のライブラリ類が整備されています。

　この40ピンコネクタは、「HAT」(Hardware Attached on Top)と呼ばれる拡張基板の仕様で決められていて、「モータ」や「LED」などの制御用基板が、簡単に取り付けられます。
(「Arduino」の「シールド」に相当)。

・「汎用OS」利用のメリットとデメリット

　「Raspberry Pi」は、Linux OSを利用するため、「USB機器」や「ファイル・システム」「ネット通信」などをサポートしており、アプリ側からこれらを簡単にアクセスできます。

　そのため、「大容量データ」や、「RDBMS」「Webサーバ」「SSL/TLS通信」などを連動したアプリにも対応できます。

　一方、欠点としては、「汎用OS」自体が処理能力や大きなメモリ・リソースを消費したり、複数のアプリが同時に実行することが前提なので、「GPIO」の入出力タイミングを厳密に細かく制御する、といった処理が苦手です。

定番マイコンボード 「Arduino」「Raspberry Pi」「mbed」…

● 「mbed」の特徴

　「mbed」は、「mbed対応のARMマイコンボード」と「クラウド上の開発環境」を合わせた、エコシステムです。

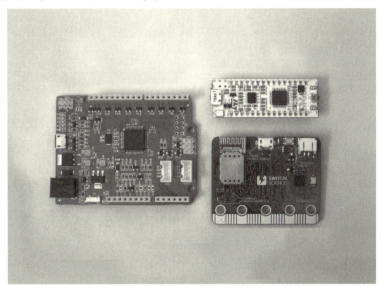

「mbed」対応の各種マイコンボード

　当初は、NXP社のARMマイコン「LPC1768」「LPC11U24」をターゲットに作られました。

　その後、STMicroelectronics社、旧FreeScale社、Nordic社、ルネサス社など、各社のARM搭載マイコンにも対応。
　後発のSTMicroelectronics社のボードなどは、Arduino互換形状のものもあります。

　もともと、「32ビットARMマイコン」が対象なので、「8ビット版Arduino」よりは高スペックです。
　「タイマ割り込み」や「USBデバイス接続」「大容量メモリ」など、機能も充実しており、「Arduino」では難しかったアプリにも対応できます。

15

「ボード」「キット」編

・「mbed」のクラウド開発環境

「mbed」の開発は、クラウド上の開発環境にWebブラウザからアクセスします。

「Arduino」のように、各種ハードを扱う「ライブラリ」も充実しており、さまざまな機能を初心者でも容易に利用できます。

また、開発用のOSは、ブラウザさえ利用できればWindows、MacOS X、Linuxなど、どこからでも利用できます。

●「がじぇるね」の特徴

「がじぇるね」は、「ルネサス社」製の32ビット/16ビットマイコンを搭載したマイコンボードのシリーズ名です。

主に、「Arduino」の開発環境を利用して、開発します。

「8ビット版Arduino」に比べて、処理能力やメモリ量の点にアドバンテージがあるので、「Arduino-Uno」では能力的に難しかったアプリでも実装可能です。

・「がじぇるね」のバリエーション

「がじぇるね」シリーズには、「処理能力」や「メモリ量」「搭載機能」などによって、さまざまなボードがあります。

「mbed」環境も利用できる「GR-LYCHEE」「GR-SAKURA」。

マイクロソフト社の「Azure」「.Net MicroFramework」や「TOPPERS」(RTOS)の利用や画像処理など"何でも載せ"の多機能ボード「GR-PEACH」。

さらには、「mruby」(組み込み用Ruby言語)が利用できる「GR-CITRUS」など、特徴的なボードが多くあります。

小型マイコンボード

「製作形状の自由度」「コスト面」に優れる

半導体技術の進歩により、ワンチップに多機能を搭載できるようになり、非常に小さな「マイコンボード」が作れるようになりました。
「小型マイコンボード」には、小型ならではの特徴や用途があります。

● 本間 一

■ 「小型マイコンボード」の特徴

「Raspberry Pi」や「Arduino」など、「標準サイズのマイコンボード」は、「音声出力」「USB」「HDMI」など、よく使われる端子類が整っていて、周辺機器をつなぐだけですぐに使えるという利便性があります。

一方、「小型マイコンボード」では、標準マイコンボードのような汎用性や利便性が失われるため、特定の用途に限定して利用することが多いです。

*

「小型マイコンボード」は、大きさ、機能ともに、多様性に富んでいます。
単純にマイコンチップが基板に載っているだけの「超小型ボード」から、標準サイズのマイコンボードと互換性のある「高機能なボード」まで、さまざまなものがあります。

■ 小型化によるメリット

「小型マイコンボード」を使えば、ボードを組み込む製品を小型化できます。
そして小型化すると、組み込み製品の形状の自由度が高まります。

「小型マイコンボード」の利用は、必然的に無駄を省くことになり、省電力化やコストダウンを図ることができます。

*

「小型マイコンボード」は、システムの一部を補助するような用途にも使えます。
また、複数の「小型マイコンボード」を組み合わせて、必要な機能を追加し

ていくような設計も行なわれます。

＊

「Raspberry Pi」や「Arduino」などの小型互換ボードは、高機能と小型化を両立できます。

また、プログラミング環境に必要なソフトや関連情報などが入手しやすいというメリットもあります。

ただし、ボードが小さくなれば、物理的な工作難易度が上がることには、留意すべきでしょう。

■ Raspberry Pi Zero

● 基本仕様

「Raspberry Pi Zero v1.3」は、「Raspberry Pi」互換の小型マイコンボード。

販売サイトには、

> 本製品は、より多くの人に「Raspberry Pi」を体験してもらうことを目的として価格を設定

という記載があり、「648円」という低価格で販売されています。

「Raspberry Pi Zero」は、Broadcom(ブロードコム)製のSoC、「**BCM2835**」を搭載。

その中に、CPU、GPU、外部機器との通信コントローラなどの機能が詰め込まれていて、主要な処理のほとんどを行ないます。

＊

CPUのクロックは「1GHz」で動作し、メモリは「512MB RAM」。

端子類は、「microBのUSB2.0」「miniHDMI」「microSDカードスロット」「CSI」(Camera Serial Interface)を搭載します。

「USB端子」は2つありますが、1つは電源供給用です。

ボードのサイズは「65×31×5mm」、重さは「9g」となっています。

＊

「CSI端子」には、「Raspberry Piカメラ・モジュール」をリボンケーブルで

接続できます。

「カメラ・モジュール」は、1080pのHDビデオや静止画を撮影できます。
最近流行の、タイムプラス動画の作成、植物や動物の撮影、防犯や顔認証などのセキュリティなど、さまざまな用途に使えます。

Raspberry Pi Zero

● 無線通信機能搭載モデル

「Raspberry Pi Zero W」は、「無線LAN」と「Bluetooth」の無線通信機能を搭載したモデルです。

「無線LAN」は、「802.11 b/g/n」に対応。
「Bluetooth」は、「Bluetooth 4.1」規格に準拠し、「BLE」(Bluetooth Low Energy)が使えます。

「BLE」は、省電力無線通信の規格です。
通信速度は遅いですが、ひんぱんに接続と切断を行なって、消費電力を最小限に抑えて通信します。

第1部 「ボード」「キット」編

■ 「Arduino Leonardo」互換 超小型ボード

● 「HID機能」を内蔵

「Arduino」の情報は、すべてオープンソースで公開されていて、メーカーは自由にマイコンボードを製造販売できます。

そのため、非常に多くの種類があり、「互換マイコンボード」もたくさんリリースされています。

*

「Arduino Leonardo」(以下、「Leonardo」)は、「Arduino UNO」の互換機的な位置付けのボードで、若干安価(ただし価格差は少ない)で、同等以上の性能があります。

「Leonardo」は、シリアル通信用のチップを搭載していませんが、ソフトによる「仮想シリアルポート」で対応できます。

マイコンチップは、「ATmega32u4」を搭載。
「16MHz」で動作し、「32KB」(4KBはシステムで使用)のフラッシュメモリを内蔵しています。
「Leonardo」互換の小型ボードも、同じチップを搭載しています。

「ATmega32u4」は、「USB通信機能」を内蔵。
そして、「Leonardo」は「HID」(Human Interface Device)として動作する機能をもっています。

「Leonardo」をPCと接続すると、「USB HID」として認識させることができ、USB接続のキーボード、マウス、ゲーム用のコントローラなどの制作に使えます。
また、PCを自動的に操作するようなデバイスも作れます。

● USB直挿し超小型ボード

「Leonardo」互換の「超小型ボード」には、基板の一部が「USB端子」になっているものがあり、PCのUSB端子などに直接、挿入して使えます。

このようなボードは、俗に「ダイレクトUSBボード」などと呼ばれています。

(「Leonardo」互換ボードを「USBメモリ」そっくりなケースに収めたドングル型の製品もあります)。

「ダイレクトUSBボード」をPCのUSB端子に挿すと、USB給電で起動し、「HID」として自動認識されます。

プログラム次第で、キーボードの操作などを自動的に実行でき、キー入力情報の送出によって、特定のダイアログやアプリケーションを起動したり、文字入力などを自動化したりできます。

Arduino Leonardo互換超小型ボード「CJMCU Beetle」(左)
「USBメモリ」にそっくりな「Leonardo」互換マイコン(右)

■ マイコンを内蔵した「FlashAir」

● 「FlashAir」に秘められた機能

東芝の「FlashAir」は、「無線LAN機能」を内蔵した大容量SD(SDHC、またはSDXC)カードです。

大多数のユーザーは、デジカメなどで初期設定のまま「無線メモリカード」として使っていると思いますが、それ以外にも多用途に使える機能をもっています。

実は、「FlashAir」の実体は、「無線メモリカードとして使えるように設定されたマイコンボード」なのです。

「FlashAir」の設定やプログラムを変えることによって、無線モードの変更、Webサーバ、スクリプトの実行、GPIO制御など、さまざまな用途に使えます。

第1部 「ボード」「キット」編

第4世代FlashAir

● 無線モード

「FlashAir」の購入時には、「AP」(アクセス・ポイント)モードで起動するように設定されています。

その他に、「STA」(ステーション)モードや、「AP」と「STA」の同時起動など、起動時のモード設定を変更できます。

*

「AP」モードは、PCやスマホなどの他の端末から「FlashAir」にアクセスするモードです。

他の端末から、「AP」モードの「FlashAir」に接続する場合は、Wi-Fiの接続先を「FlashAir」に切り替えるため、Wi-Fiによるインターネット接続ができなくなります。

「STA」モードは、「FlashAir」を「無線LANルータなどの子機として、動作するモードです。

他の端末は、インターネットへの接続を維持したまま、「FlashAir」にもアクセスできます。

● 他のマイコンボードで使う

「SDカードスロット」を搭載したマイコンボードに「FlashAir」を装着すると、ストレージと無線通信機能を同時に追加することになり、応用の幅が広がります。

*

たとえば、センサ情報の配信に利用できます。

「Arduino」に特定のセンサを取り付けて、リアルタイムのセンサ情報を「FlashAir」にテキストデータとして保存。
そのデータを「動的なHTMLファイル」に取り込んで、「FlashAir」のWebサーバから配信。
そして、PCやスマホのブラウザから「FlashAir」にアクセスして、センサ情報を閲覧するといったことができます。

●「iSDIO」によるマイコン制御

SDカード規格の中には、SDカードスロットをメモリカード以外の用途に使う、「SDIO」(Secure Digital Input/Output)規格があります。

これは、多様なデバイスをSDカードスロットに装着して利用することを想定した規格で、「Wi-Fi」「Bluetooth」「PHS」「GPS」などの無線通信や、「テレビ」「ラジオ」「カメラ」「指紋認証センサ」など、さまざまな機器が開発されています。

*

さて、「USB端子」がなかった時代のノートPCでは、「PCカードスロット」が標準装備になっていて、名刺サイズほどのカードデバイスを装着して、PCを拡張する装備を追加できました。
「SDIO」は、それと似たような利用方法を想定していたようです。

しかし、2005年ころから多くの「SDIO」関連製品が発売されましたが、最近はあまり見掛けなくなりました。
その理由の1つとして、半導体技術の進歩により、多くのデバイスが端末に内蔵されるようになったことが挙げられます。
これは、「FlashAir」にも当てはまっていて、SDカードの形状を変えることなく、無線機能を内蔵できるほどに小型化の技術が進んでいます。

*

「SDIO」関連の新製品は少なくなりましたが、その技術は「iSDIO」(インテリジェントSDIO)規格に引き継がれています。

「iSDIO」規格は、マイコンボードなどのホスト機器からSDカード内の「カードコントローラ」に直接アクセスし、無線通信やデータアクセスなどの高度な制御を行なう技術です。

「iSDIO」は、「GPIO」による制御機能に対応しています。
「FlashAir」の「GPIO」を有効にすると、SDカードの各端子は「GPIO端子」として機能します。

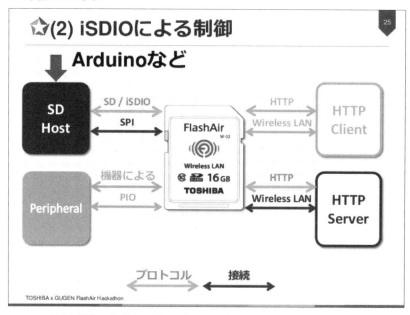

ホスト機器から、「カードコントローラ」にアクセスして制御を行なう

「FlashAir」を「GPIO」で接続すると、HIGH/LOWの電圧を入出力し、マイコンボードと双方向に制御信号を送受信できます。

たとえば、スマホやPCのブラウザに、「オン/オフボタン」や「スライダ」などのインターフェイスを表示して、「FlashAir」に操作コマンドを送信。
そのコマンドはマイコンボードに伝わり、電圧出力を制御して、「モータの回転」や「LED照明」などを制御できます。

新世代のマイコンボード

「子供」から「マニア」まで、さまざまな分野、用途に対応

「Raspberry Pi3 Model B」互換のマイコンボードを中心に、「新世代のマイコンボード」が続々登場しています。
その動きをザッと見てみます。

● arutanga

■ LattePanda

「LattePanda」(ラテパンダ)は、「Raspberry Pi」とは異なり、基本的には小さいとは言え、「Windows」を搭載して動作する「ミニPC」だと言えます。

「Windows 10」が動くシングルボードPC
https://www.switch-science.com/catalog/3634/

　プロセッサには、インテルAtomシリーズの「Cherry Trail Z8300 クアッドコア1.8GHz」を採用し、メモリとして「4GB DDR3」を搭載。
　ストレージ容量は「64GB」となっており、ここまでは「ミニPC」として珍しくないスペックだと言えるでしょう。

＊

特徴となるのは、「ATmega32u4」という「Arduinoコプロセッサ」を搭載しており、これを経由して「Leonardo」互換の20ピンGPIOにアクセスできる点です。

「Arduino IDE」を用いて、Arduinoの"Lチカ"などの動作テストが簡単にでき、Windowsをシャットダウンしても、Arduinoコプロセッサは独立して動作し続けます。

「Windows」マシン本体と「Arduino」マシン部の電源が分離しており、コンセントにつないだだけで、「Arduino」として動かすことができる仕組みになっています。

「Windows10 PC」＋「Arduino」という構成を、コンパクトにワンボードで実現できるため、「プロトタイピング」など、用途次第では重宝するのではないでしょうか。

■ IchigoJam

「IchigoJam」（イチゴジャム）はきわめてコンパクトなワンボードマイコンで、「プログラミング専用こどもパソコン」というコンセプトで開発されています。

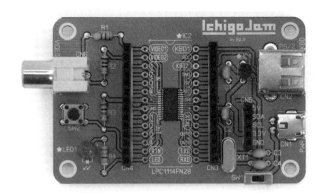

「Raspberry Pi3 Model B」の半分ほどのサイズ
https://ichigojam.net

新世代のマイコンボード 「子供」から「マニア」まで、さまざまな分野、用途に対応

　パソコン黎明期を思わせるインターフェイスは、「キーボード」と同軸の「ビデオ映像出力」のみ、「256×192px」(32×24文字)の画面で、Basicを使ってプログラミングできる仕組みです。

　「テレビ」と「キーボード」をつなげば、すぐにプログラミングを始めることができ、逆に「インターネット接続」や「ストレージ」といった機能は、まったく搭載していません。

＊

　また、組み立てずみの「IchigoJam」のほかに、「ブレッドボード版」と「ハンダ付け版」の2種類の組み立てキットも用意されています。
　これらを組み立てることで、プログラミングだけでなく、電子工作の要素も楽しめるようになっています。

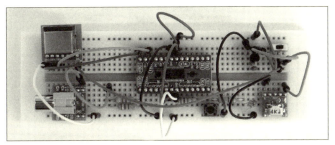

ハンダ付けしなくても組み立てられる「ブレッドボード版」もある

＊

　「IchigoJam」を楽しむ上で注意したいのは、最近のテレビや液晶ディスプレイには、「ビデオ入力端子」がないモデルが増えている点です。

　組み立てずみで2,000円(税抜)と手軽な「IchigoJam」だけに、別途ディスプレイを購入するようだと、ちょっと本末転倒になってしまいそうです。
(残念ながら、筆者の家には、接続可能な映像機器がありませんでした)。

第1部 「ボード」「キット」編

■ micro:bit

「micro:bit」(マイクロビット)は、イギリスのBBCが主体となって作った教育向けのマイコンボードです。

イギリスでは、11歳～12歳の子供全員に無償で配布され、学校の授業の中で活用されているとのことです。

4cm×5cm、重さ9gのカード型マイコン
http://microbit.org/ja/

日本国内でも、技適を取得ずみなので、適法に「Bluetooth」デバイスとして利用できます。

*

プログラミングできる25個の「LED」と2個の「ボタン・スイッチ」のほか、「加速度センサ」「磁力センサ」「無線通信機能(BLE)」を搭載しています。

また、2ピン電源コネクタ(JST-PH互換)に、乾電池2本(1.5V×2本=3V)をつなぐことで、単独で動作することもできます。

開発したプログラムは、USBケーブルによる接続や「Bluetooth LE」による無線通信を通じて、ドラッグ＆ドロップで書き込むことが可能。

すべての開発環境がWebブラウザ上で動作するため、環境構築することなく、すぐに活用できます。

*

なお、「Arduino」のような感じで、「モータ制御」をはじめとした拡張基板も、いくつか販売されています。

つなぐだけですぐ使える「モータ制御基板」

■ Wio LTE

「Wio LTE」(ワイオ・エルティーイー)は、Seeed社が開発しているマイコン・モジュール。

ARMベースの「STM32F4マイコン」と、「LTE通信モジュール」を搭載しており、単体でクラウドとデータ通信ができます。

「Groveコネクタ」&「LTE通信モジュール」を搭載するマイコンボード
http://akizukidenshi.com/catalog/g/gM-12855/

ボード上の「Groveコネクタ」に各種センサなどを接続して、「温湿度」や「加速度」の取得、「超音波測距」などのデータを取得可能。

これにより、「Wio LTE」単体で、IoTデバイスを構成できます。

＊

開発環境は「Arduino IDE」互換なので、IDEのメニューからボードマネージャを開いて「Seeed STM32F4」ボードのパッケージをインストールするだけで、プログラミングを開始することが可能。

第1部 「ボード」「キット」編

「Groveコネクタ」に接続したセンサのデータを、「SORACOM Harvest」などのクラウドサービスにアップロードして可視化する、といったことが、「LTE」を利用することで、単体で簡単にできてしまいます。

■ banana pi BPI-R2

最後に、「Raspberry Pi3 Model B」互換のマイコンボードにも触れておきましょう。

数十種類以上の製品群がリリースされている「Raspberry Pi3」クローン製品のなかでも、異色なのが、「banana pi BPI-R2」(バナナ・パイ)。

「Banana Pi」は中国の深センで2004年に創業した「Sinovoip」が開発・販売する「Raspberry Pi」クローンシリーズです。

「Raspberry Pi」のクローンボード
http://www.sinovoip.com.cn/eindex.asp

「ギガビット有線LANポート」を5つ(1 WAN + 4 LAN)搭載しており、いわゆる「ルータ」として使うことを想定した設計になっています。

そのほかに「USB3.0」が2ポート、「HDMIポート」を備えているのでディスプレイに接続して、デスクトップマシンとしても、充分に活用できます。

さらに、内部に「miniPCIe」と「SATA」を搭載しており、ルータとして動作させつつ、「メディアサーバ兼NAS」の役目を果たすこともできてしまいます。

＊

サイズは、148mm×100.5mmのはがきサイズで、「Raspberry Pi3」の倍以上の大きさですが、拡張性の広さは桁違いだと言えるでしょう。

無線対応マイコン・モジュール

パソコンやスマホから操作できる

「マイコン・モジュール」は、頭脳となる「マイコン」に追加の部品を搭載し、ひとまとめにして利便性を高めた製品です。
特に人気なのが、「無線機能」搭載のものです。

●大澤　文孝

■「マイコン」と「周辺の部品」をひとまとめに

　「マイコン」は、"頭脳"に相当するものなので、プログラムの実行機能しかもちません。
　ですから、「ボタン」や「センサ」「表示器」「通信機器」など、いわゆる"外界"とやり取りするインターフェイスとなる部品を接続しなければなりません。

　ところが、マイコンにそのような部品を取り付けて、正しく動作させるのは、ときに面倒です。
　なぜなら、「ハンダ付け」が必要だからです。
　最近の「マイコン」は、「表面実装」ということもあり、ピン間がとても狭くて、手作業でのハンダ付けは難しいです。
　また、部品によっては、配線の引き回しによってノイズなどの影響が出て、動作が不安定になることもあります。
　こうした問題を解決するのが、「マイコン・モジュール」です。

＊

　「マイコン・モジュール」は、中心となる「マイコン」に、いくつかの「部品」（モジュール）を接続して、"1つの大きな部品"として扱えるようにしたものです。

第1部 「ボード」「キット」編

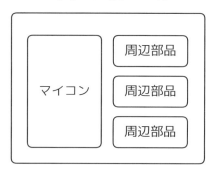

マイコンモジュール

「マイコン・モジュール」は、「マイコン」と「部品」(モジュール)をひとまとめにしたもの

● **プログラミングは変わらない**

「マイコン・モジュール」は、「マイコン」＋「何かの部品」で構成されるため、「マイコン」が同じなら、プログラミングの方法は同じなのも大きな特徴です。

たとえば、後述する「ESP8266」は、「Arduino IDE」を使った開発ができるファームが提供されているため、「Arduino UNO」などと同じ方法でプログラミングできます。

また、「M5Stack」という製品は、内部で「ESP8266」を使っているため、プログラミングの手法は、まったく同じです。

ですから、開発者は、同じ「マイコン」を使っているのであれば、いままで習得した知識を使ってプログラミングできます。

● **「無線機能」を搭載した製品が多い**

さまざまな「マイコン・モジュール」がありますが、人気なのは、「無線機能」(具体的には、「Wi-Fi」「BLE」「ZigBee」)を搭載したものです。

このような「マイコン・モジュール」を使うと、無線で通信することができるようになり、特に、「パソコン」や「スマホ」から操作できる電子工作を作りやすくなります。

無線対応マイコン・モジュール　パソコンやスマホから操作できる

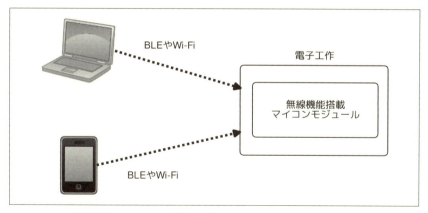

「無線対応のマイコン」なら、パソコンやスマホから操作できる

■ 「Wi-Fi」「BLE」を搭載した「ESP8266」「ESP32」

● 「Wi-Fi」を搭載した「ESP8266」

「ESP8266」は、中国の Epressif Systems 社によって製造されている、「Wi-Fi対応のマイコン・モジュール」です。

Wi-Fi通信できる「ESP8266」

・価格が安い
・早い段階から国内で無線を使うときに必須となる技適認定を受けた
・「Arduino IDE」を使って開発できる

といった特徴をもっています。

　「Wi-Fi対応」という利点は大きく、インターネットと通信してデータを送信したり取得したりするのはもちろん、「ESP8266」側がサーバになることもできます。

第1部 「ボード」「キット」編

●「BLE」を搭載した「ESP32」

「ESP8266」の後継版が、「ESP32」です。

こちらは、「Wi-Fi機能」に加えて、「BLE (Bluetooth Low Energy) 機能」も搭載しています。

BLEで通信できる「ESP32」

このチップの登場によって、「BLE」を使った電子工作が、格段に増えました。

「Android」や「iPhoine」は、「BLE」に対応しており、プログラミングもさほど難しくないことから、スマホ対応の電子工作も、思ったほど難易度は高くありません。

*

「ESP8266」や「ESP32」は、各社から互換モジュールも登場しており、現在、とても人気の高いマイコン・モジュールになっています。

> ※特に、「Web Bluetooth API」(https://webbluetoothcg.github.io/web-bluetooth/)というものを使うと、HTML + JavaScriptでBLEを操作でき、BLEプログラミングは、とても簡単になる。

● 液晶が付いた「M5Stack」

これをマイコン・モジュールと言っていいか分かりませんが、「M5Stack」は、「ESP32」を搭載したマイコン・モジュールです。

「3つのボタン」と「液晶画面」をもつのが特徴です。

液晶画面が付いた「M5Stack」

ベースは「ESP32」ですから、開発スタイルは「Arduino」と同じです。

> Column　SDメモリカードなのにマイコンな「Flash Air」

変わり種のマイコン・モジュールとして、東芝の「Flash Air」があります。

FlashAir

　これは、「Wi-Fi通信」ができるSDメモリカードで、書き込んだファイルに対して、別のパソコンからWi-Fi経由でアクセスできる機能を備えています。
　SDカード自体が「IPアドレス」をもつWebサーバとなっており、「http://IPアドレス/」にアクセスすると、SDカードに保存されているファイルを参照できます。

　本来は、そうした使い方を想定したものなのですが、実は、GPIOが付いた無線マイコンであり、プログラミング可能です。
　開発者向けサイト（https://flashair-developers.com/ja/）もあります。

■ 省電力が売りの「TWELITE」

モノワイヤレスの「TWELITE」は、「IEEE802.15.4」という無線規格を使った通信モジュールです。

世界規格ではありますが、通信データの形式が独自であるため、他のマイコンとの互換性はなく、「TWELITE」同士でしかつながりません。

しかし、

・見通しで1km以上届く
・コイン型電池でも充分に動く省電力

などの特徴があります。

マイコンチップ自体は1円玉大ですが、(a)これを電子工作で使いやすいIC型に変換した「TWELITE DIP」や、(b)パソコンと接続できる「MONOSTICK」(モノスティック)が、趣味の電子工作界隈では使われています。

「TWELITE DIP」(左)と「MONOSTICK」(右)

●「プログラミングレス」で動く

「TWELITE」は、プログラミング可能なマイコンですが、工場出荷時に、すでに無線化できるプログラムが書き込まれているのが、大きな特徴です。

たとえば、「TWELITE DIP」を2つ用意して、片方に「スイッチ」を接続し、もう片方に「LED」を接続して、その「スイッチ」を押すと、もう片方の「LED」が光るということが、すぐにできます。

電源は、「単三電池」が2本です。

無線対応マイコン・モジュール　パソコンやスマホから操作できる

ブレッドボードでも、動作確認できるほどの手軽さです。

買ってきて配線するだけで、すぐに無線化

● パソコンからの操作もできる

「MONOSTICK」を使えば、パソコン（または、USBホストデバイスを接続可能なタブレットやスマホ）から、「TWELITE」を操作できます。

たとえば、「TWELITE」に「温度センサ」や「湿度センサ」などを取り付けておき、その値を、パソコンで参照したいというときは、次の図のように構成します。

「MONOSTICK」は、COMポートとして見えるデバイスです。
「ターミナルソフト」などを使って、「TWELITE」にデータを送り込んだり、届いているデータを確認したりできます。

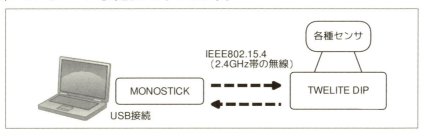

パソコンで「TWELITE」と通信

※「TWELITE」は、デジタルの「GPIO」のほか、「I2C」にも対応しているため、「I2C対応センサ」も接続が可能。

第1部 「ボード」「キット」編

● マイコン間の通信に使う

「TWELITE」は、NXP社製の「JN5164」というマイコン・モジュールを使っており、開発のための「SDK」も配布されているので、プログラミングもできます。

ただし、このプログラミングは「C言語」であり、かつ、独自のフレームワークを用いたものなので、少し難易度が高くなります。

＊

「TWELITE」の開発元であるモノワイヤレス社は、用途別のプログラム(TWELITE APPS)を提供しており、それらに入れ変えるだけでも、ほとんどのことができます。

たとえば、(a)よりたくさんのボタンをつなげられるようにする「リモコン・アプリ」や、(b)接続したセンサの情報を刻々と送信する「リモコン・アプリ」、(c)シリアル通信を実現するときに使う「シリアル通信アプリ」などがあります。

そのため、実際に「TWELITE」でプログラミングしている人は少なく、標準機能のまま、または、「シリアル通信アプリ」に差し替えて、「他のマイコン＋TWELITE」で、単純に、配線部分だけを無線化するのに使っている作例も、多く見受けられます。

こうした使い方の場合、プログラミングしなくてすむので、難しいことは何もなく、配線するだけで無線化できます。

> ※提供されているプログラムは、ソースコードが公開されているので、機能が足りないときには、改良することも可能。

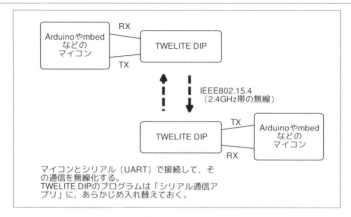

「マイコン」と「TWELITE」を組み合わせる

無線対応マイコン・モジュール　パソコンやスマホから操作できる

　「無線対応」のマイコン・モジュールは、遠方と通信できることも売りですが、それ以上に、「パソコン」や「スマホ」から操作できる利点は大きいです。

　もし「無線対応」でないと、「パソコン」や「スマホ」から操作するのに、「USBケーブル」などを使って、作った電子工作と直接つなぐ必要があり、ハンダ付けや配線の引き回しが大変だからです。

　「パソコン」や「スマホ」から操作できる電子工作を作りたいなら、ぜひ、「無線対応」のマイコン・モジュールを使ってみてください。

＊

　ここまで、無線機能を搭載したマイコンを紹介しましたが、「マイコンの外部」に無線機能を付ける方法もあります。

　中でも、さくらインターネットの「sakura.io」やSeeed社の「Wio LTE JP Version」などは、「携帯電話」の電波を使ってインターネット通信ができるモジュールとして、注目を集めています。

Ginger Bread

「Arduino Pro Mini」互換基板

　市販のArduinoで小型のモバイルデバイスをプロトタイピングしようとすると、必ず消費電力と電源の問題がつきまといます。

　長時間可動させるための効率的な電池として、「リチウムイオン・バッテリ」やその「充電モジュール」が販売されていますが、「Arduino」と合わせて買うと、合計で5,000円ほどになってきてしまいます。

　そこで、プロトタイピングを多く手掛けるGingerは、市販の「Arduino Pro Mini」をベースに、モバイルデバイス向けの安価な互換基板「Ginger Bread」を開発しました。

● Ginger Design Studio

■ 特徴とスペック

- Lipo電池による給電＆充電機能搭載
- 消費電力は「Arduino」の約5分の1
- I2Cなども配線しやすく端子配置を最適化
- 従来品で同等機能を実現するよりも圧倒的に低価格（1,000円）

［スペック］

マイコン	ATmega328p-au
クロック	8MHz（内部クロック）
入力電圧	3.3V（バッテリ給電用 Charging Portは5V） マイコンは1.8〜5.5Vで駆動可能
出力電圧	3.3〜3.7V（VCCピン）
消費電流	約3〜5mA（スリープモードでは1mA以下）
I/Oポート	デジタル12（D2〜D13）、アナログ6（A0〜A5）、UART、I2C、SPI

Ginger Bread 「Arduino Pro Mini」互換基板

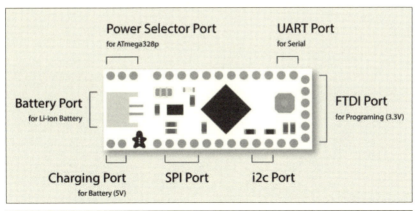

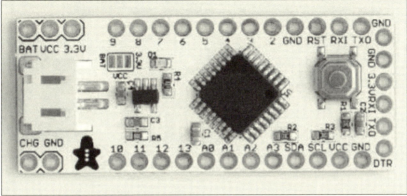

● 「Arduino Pro mini」との相違点

・Lipo接続コネクタと充電機能（MCP73831）を搭載
・レギュレータ非搭載（電力消費を抑えるため）
・8/16MHz発振子の代わりに、内部クロックを使用（電力消費を抑えるため）
・ボード上の不要なLEDを削除（電力消費を抑えるため）
・I2Cポート端子をボード端面に配置（I2C接続を容易にするため）

■ 使用方法

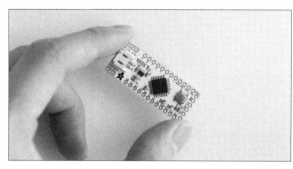

「Ginger Bread」は、「Arduino Pro Mini」との互換性を備えているので、パワーソースの選択以外は、使い方も「Arduino Pro Mini」とほぼ同様です。

● 用意するもの

「Ginger Bread」は、単独でも利用できますが、ここではブレッドボードを使った「Lチカ」のために、以下のものを用意します。

- ピンヘッダ(秋月電子)
- リチウムイオンポリマー電池(スイッチサイエンス/千石電商)
- 3端子スライドスイッチ(秋月電子)
- マイクロUSBコネクタDIP化キット(秋月電子)
- LED(秋月電子)

Ginger Bread 「Arduino Pro Mini」互換基板

● パワーソースの選択

「Ginger Bread」は、基板上の「Power Selector Port」、またはハンダジャンパを利用して、駆動電源(バッテリ／**FTDI**)の選択が必要です。

ここでは例として「Power Selector Port」を利用するので、スライドスイッチを「Power Selector Port」にハンダ付けし、スイッチを「右(3.3V)側」にしておきます。

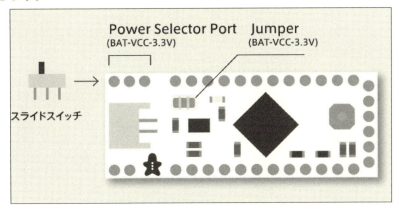

①「Power Selector Port」を利用する場合

　スライドスイッチを「Power Selector Port」にハンダ付け(または接続)します。
　これにより、スイッチを使ってどちらを電源にするか選択できます。

②「ハンダジャンパ」(Jumper)を利用する場合

　電源として利用したいソースのジャンパ(左右)を中央のジャンパとハンダで接続します。

> ※「Power Selector Port」と「Jumper」は、同時には利用しないようにしてください。
> 　「バッテリ」と「FTDI」の両方を接続して給電された場合、電流が「FTDI」側に流れ込む恐れがあります。

第1部 「ボード」「キット」編

● 配線

先ほどハンダ付けしたスイッチに加えて、「Ginger Bread」にピンヘッダをハンダ付けし、図のようにブレッドボード上で配線を行ないます。

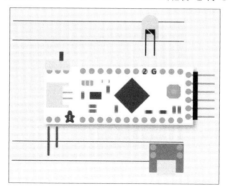

● プログラムの書き込み

プログラムの書き込み方法は、「Arduino Pro Mini」と、まったく同じです。

ただし、「Ginger Bread」のクロックは、「ATmega328p」の内部クロックを使っているため、書き込み時のプロセッサは必ず「ATmega328p (3.3V/8MHz)」を選択してください。

[1]「Arduino IDE」を起動。

[2] PCに接続したFTDIシリアル接続ケーブル（3.3V版）を「Ginger Bread」の「FTDIポート」に接続。

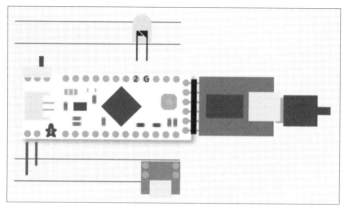

[3]「Arduino IDE」での書き込みを以下に設定。

ボード	Arduino Pro or Pro Mini
プロセッサ	ATmega328p (3.3V/8MHz)
書き込み装置	AVR ISP

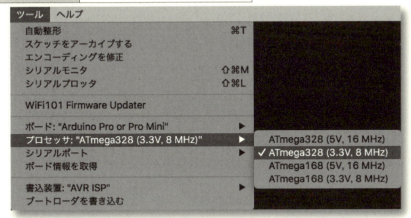

[4] 以下の「Lチカ用サンプルスケッチ」をコピー&ペーストし、書き込みを実行。

```
int ledpin = 2;

void setup(void){
  pinmode(ledpin, OUTPUT);
}

void loop(void){
  digitalWrite(ledpin, HIGH);
  delay(1000);
  digitalWrite(ledpin, LOW);
  delay(1000);
}
```

● 完成

プログラム書き込み後、「FTDIケーブル」を抜いたら、バッテリを接続。

最後に、「Power Selector Port」のスイッチを「左(VBAT)側」にしましょう。
これによって「Ginger Bread」がバッテリ給電で起動し、「モバイルデバイス・プロトタイプ」の完成です。

＊

バッテリ充電の際は、USBコネクタにケーブルを接続してください。

充電中は「Ginger Bread」上のLEDが赤く点灯し、充電が終わると消えます。

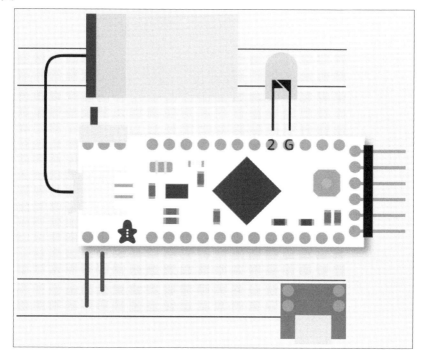

・Ginger Design Studio

http://ginger-you.com/index.html

BOSON
電子組み立てブロック

「BOSON（ボソン）モジュール」は、「micro:bit」でプログラミングを始めるのに適した「ブロック・タイプ」の「拡張モジュール」です。

もともとは「Kickstarter」で出資を募っていたものですが、目標額を達成し、日本でも取り扱いが開始されました。

● 森田 純

■ 「BOSON」とは

「BOSON」は、さまざまな機能をもつ「モジュール」を組み合わせて作る、「電子組み立てブロック」。

「コーディング」や「ハンダ付け」も不要で、簡単に組み合わせて、さまざまなものを作ることができます。

「プラグ・アンド・プレイ」で接続

各モジュールの役割ごとに色分けされているので、簡単に参照ができます。

入力モジュール	青色
出力モジュール	緑色
機能モジュール	黄色
電源モジュール	赤色

第1部 「ボード」「キット」編

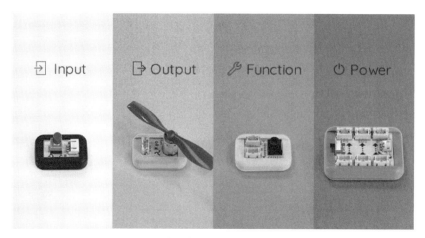

各役割ごとに色分け

　「BOSONモジュール」には磁石が内蔵されており、「ネジ」「マジックテープ」「レゴ」で使うことができます。
　これにより、「紙」「木」「布」「ホワイトボード」「レゴ創作物」など、さまざまな素材に固定できます。

＊

　また、「計算」「動き検知」「Bluetooth低エネルギー（BLE）」「バッテリ充電機能」「パターン照合機能」が搭載された「インテルCurieモジュール」があり、それを使って、「機械学習」と「パターンマッチング機能」を追加することも可能です。

「顔」「ボール」「トラックライン」を認識するロボット

■ BOSON スターターキット

「BOSON スターターキット」が、日本でも販売が開始。

「音」「光」「モーション」などを含むデジタルとアナログの「センサ」や、「アクチュエータ」など、メジャーな8種類のモジュールが含まれています。

> ※「micro:bit」は、「BOSON スターターキット」に含まれていないため、別途用意する必要があります。

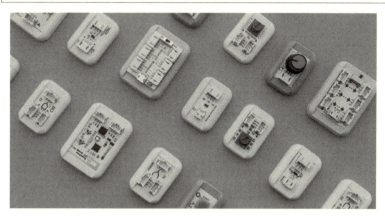

8種類の「センサ」「アクチュエータ」

[収録物]

- micro:bit expansion board for Boson kit × 1
- 赤プッシュボタン×1
- 赤LED ライト×1
- 回転センサ×1
- サウンド・センサ×1
- モーション・センサ×1
- ミニファン・モジュール×1
- ミニサーボ×1
- RGB LED strip × 1
- マイクロUSBケーブル×1
- 3-Pinケーブル（ロング）×4
- 3-Pin Cable（ミディアム）×4
- 3-Pin Cable（ショート）×4
- クイックスタート・ガイド×1

第1部 「ボード」「キット」編

各モジュールは、「micro:bit」を載せた「拡張ボード」と3pinのコネクタを用いて接続。

3pinのコネクタを用いて接続

● micro:bit

「micro:bit」は、入門者向けの「シングルボード・コンピュータ」。

「Microsoft Block Editor」や「Java Script Editor」を使ってプログラミングが可能です。

*

「micro:bit」は、次のような「オンボード・モジュール」を搭載しています。
・5×5LEDマトリクス
・2個のプログラマブルボタン
・モーション・ディテクター
・コンパス
・Bluetooth

標準でこれだけのものが搭載されているので、別途拡張基板などを購入しなくても、すぐに開発ができるのもメリット。

micro:bit

また、さらに拡張するための製品なども発売されています。

「Micro:Bit向けBOSON/Gravity対応コントローラーPCセット」は、「BOSON」のプログラミング用コントローラPCとしてすぐに使える「Windows PC」と「タッチスクリーン・モニタ」などが入ったセット。

「Aruduino Leonardo」がオンボードになっています。
この「Arduino」を用いて「Micro:Bit」用の「BOSON拡張センサーキット」を用いてプログラミングが可能となります。

「Windows」と「タッチスクリーン・モニタ」がセット

また、「BOSON」に同梱されている「3-pinケーブル」は、「LattePanda」の「Arudiono用端子」にも接続できます。

[取り扱い]

https://www.physical-computing.jp/product/1501

「電子回路モジュール」PIECE

つなぐ・つくる・まなぶ

「PIECE」は、アイデアの実現を手助けする「電子回路モジュール」です。1つ1つのモジュールでシンプルな機能を実現。

電子回路の経験やプログラム技術がなくても、接続するだけで希望の動作を作り出すことができます。

さまざまな組み合わせを作り、動かして体験し、改善していきます。

● EK JAPAN

■ 「PIECE」の構成

「PIECE」には大きく4つの「機能」に分類される13種類の「モジュール」があります。

① 電源モジュール……………回路の電源
② 入力モジュール……………光や音を検出する
③ 論理・制御モジュール……信号反転や、信号を変化させる
④ 出力モジュール……………光や音を鳴らす

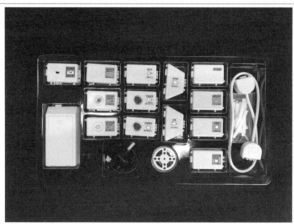

「PIECE」のセット

それぞれ、「赤色」「橙色」「黄色」「緑色」のステッカーで色分けされています。

「電子回路モジュール」PIECE　つなぐ・つくる・まなぶ

　「PIECE」のつなぎ方の基本は、「入力―電源―論理―出力」の順番に、ブロックをつなぐように、モジュールのコネクタを差し込むだけ。
　間違ってつながることがないようにできています。

　モジュールはフックで吊るすことができ、裏にはマグネットがついています。

マグネット

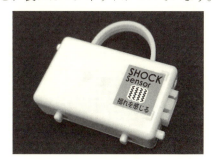
フック

■ 「PIECE」のモジュール

　「PIECE」のモジュールは、プラスチックのトレイに収められています。

　「PIECE」の「入力モジュール」「論理モジュール」は、「オン信号」の出力と同時に「赤色LED」が点灯するので、動作確認しやすくなっています。

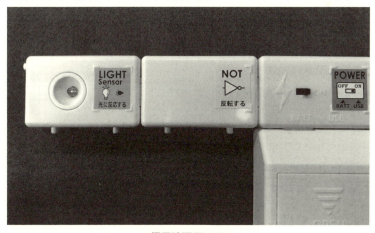
信号確認用LED

■「PIECE」の電気的仕様

● 電源モジュール

「電源モジュール」は、「乾電池」と「USB電源」の2種類が利用可能。

乾電池の場合は、乾電池の電圧がそのまま出力されます。
一方USB電源の場合は、「DC3.3 V」が出力され、「電源モジュール」から、つないだモジュールに供給されます。

● 入力モジュール

「入力モジュール」は、センサの反応で「H信号」(3V)または「L信号」(0V)を出力します。

・SHOCK Sensor（「ショック」センサ）
振動を検出。
センサが反応すると、0.5秒間「H信号」を出力します。

・LIGHT Sensor（「明るさ」センサ）
電源に接続したときのセンサ周囲の明るさを基準にして、明るければ「H信号」を、暗ければ「L信号」を出力。
なお、電源に接続したときに充分明るいときは「H信号」になります。

・SOUND Sensor（「音」センサ）
拍手のような鋭い音(周波数の高い音)に反応し、0.5秒間「H信号」を出力します。
ただし、「話し声」のような低い周波数の音には、あまり反応しません。

● 論理・制御モジュール

・NOT（ノット）
「論理否定信号」を出します。
「H信号」が入力されたら「L信号」を、「L信号」が入力されたら「H信号」を出します。

・AND（アンド）
「論理積モジュール」です。
２つの入力がどちらも「H信号」のときだけ「H信号」を出力します。

・OR（オア）
「論理和モジュール」です。
２つある入力の、どちらかが「H信号」のときは「H信号」を出します。

・TIMER（タイマー）
「H信号」が入力された時点から出力が「H」になり、タイマーで設定した時間経過後に「L」になります。
　タイマーは「1〜180秒」の間で設定できます。タイマー動作中に「H信号」が入力されたら再スタートする「更新型」のタイマーです。

・CONTROL（コントロール）
入力された「電圧レベル」を調節し、出力します。
出力される信号は、「入力電圧〜0V」の範囲となります。
このモジュールにつないだ「出力モジュール」の動き方を変えることができます。

● 出力モジュール

「H信号」が入力されると動作するモジュールです。

LED	４つのLEDが左から右へ流れるように点灯。
VIBE	振動する。
MELODY	音を鳴らす。
MOTOR Driver	出力側につないだモータを動かす。

　出力モジュールに「CONTROL」をつないで、入力される信号の電圧を変えることで動作を選択できます。
　各出力モジュールと入力電圧の関係は表のようになっています。

※「CONTROL」をつながないときは、2.5V〜3Vのときの動作になります。

第1部 「ボード」「キット」編

	0〜1V	1〜1.5V	1.5〜2V	2〜2.5V	2.5〜3V
LED	全部消灯	全部点灯	全部点滅	右から左へ	左から右へ
VIBE	振動禁止	とても弱く	弱く	強く	最大で振動
MELODY	鳴動禁止	メロディ	ピピピ音	ピーポー音	ファンファン音
MOTOR	停止	短く正反転	長く正反転	反転	正転

■ 「PIECE」の使い方例

　たとえば、「暗い廊下でスイッチの場所が分からず、壁を触りながらスイッチを探してソロソロと進む」という不便を解消する回路を作ってみます。

　いろいろな解決方法が考えられますが、ここでは、「壁のスイッチのそばにLEDを設置しておき、拍手のような音に反応してLEDを点灯させる。
　明るいときには必要ないので、暗いときにだけ反応するようにする」という解決方法を作ります。

[1]「暗いとき」で、かつ、「音に反応してほしい」ので、「明るさセンサ」と「音センサ」を使います。

　しかし、「明るさセンサ」そのままでは、「明るいときに反応する動き」になるので、「NOTモジュール」を接続して、「明るくないとき」、つまり「暗いとき」に反応する動きにします。

「LIGHT」と「NOT」の接続

[2] 次に、「暗いとき」で、かつ、「音」に反応させたいので、「ANDモジュール」を使います。
　これで、動作の条件の部分は出来ました。

[3] 出力にはLEDを光らせたいので、「LEDモジュール」を使います。

[4] 「入力」と「出力」の間に「電源モジュール」をつなげば、回路は完成です。

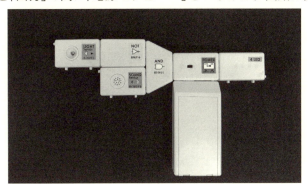

音センサライト

　出力を「MELODY」に変えてみたり、「VIBE」に変えてみたりするにはモジュールを差し替えるだけです。
　「不便解消回路」がもっと使いやすいものにできないか、といった実験が簡単にできます。
　実験が別のアイデアの実現に使えることが分かるかもしれません。

＊

　「PIECE」の各モジュールの出力は電源(+)(-)と「H/Lレベル」の信号というシンプルな出力になっているので、「ジャンパ・コード」を準備すれば、3.3V系のマイコンボードに簡単に接続することもできます。

モジュールのコネクタ

　なお、2019年現在は、後継品のPIECE基本セット(ZZ-02)と「追加モジュールセット1」と「2」が主力になっています。

```
https://www.elekit.co.jp/product/ZZ-02
https://www.elekit.co.jp/product/ZZ-ST01
https://www.elekit.co.jp/product/ZZ-ST02
```

もちろんマイコンボードで入力と出力の制御をプログラムすれば、もっと高度なことができるようになります。

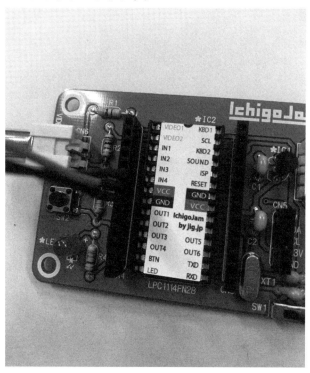

市販のマイコンボードとの接続例

価格：13,824円(税込)
https://www.elekit.co.jp/piece/

「BLE通信」でさまざまな情報をやり取り

ユカイ工学（株）の「konashi3.0」を試用し、「サーボモータ」や「アナログ入力」の実験を行なってみます。

● nekosan

■「konashi3.0」の概要

「konashi」は、ユカイ工学(株)が提供する「フィジカル・コンピューティング・ツールキット」。

2018年6月に、バージョンアップ版の「konashi3.0」が登場しました。

CPUを搭載した「BLE」（Bluetooth Low Energy）ユニットで、iOSやAndroidといった端末と「BLE通信」で接続し、いわゆる「フィジカル・コンピューティング」ができます。

> konashi公式サイト
> http://konashi.ux-xu.com/

「BLE通信」で利用するマイコンボードと言うと、いわゆる「技適」の問題や、ファームウェアの開発環境や開発言語など、少し高い敷居がありました。

しかし、「konashi」は、あらかじめファームウェアが書き込みずみで、また、iOS端末上からJavaScriptで制御できます。

そのため、Web系の技術をもっている人なら、比較的簡単に「フィジカル・コンピューティング」を体感できます。

第1部 「ボード」「キット」編

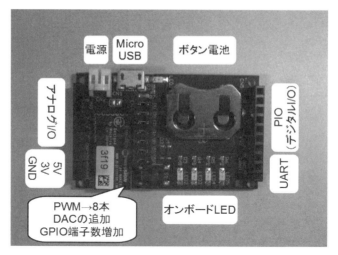

konashi3.0

● 「konashi2.0」との共通点、相違点

「konashi3.0」には、「デジタル入出力」「アナログ入力(ADC)」「アナログ出力(DACおよびPWM[※])」「シリアル通信(I2C、SPI、UART)」の機能や、iOS端末などと通信を行なう「BLE」が搭載されています。

「konashi3.0」では、「PWM端子数」が3本→8本に増加、「DAC」の搭載、「GPIO端子数」の増加、「BLE電波」の強化といった改善が図られています。

一方、従来品とピン互換なので、各種拡張ハードも利用できます。

※「PWM」は、3本から8本の増加に伴い、ハード制御からソフト制御に変更になっているため、波形制御の際にわずかなジッターが生じる場合があります。

■「konashi」まわりの技術環境

● 便利なアプリが用意されている

「konashi」は、iOSで利用する場合、「konashi inspector」と「konashi.js」というiOSアプリで接続できます。

どちらのアプリも、「app store」で入手可能です。

「konashi.js」と「konashi inspector」

「konashi inspector」は、「konashiボード」と「BLE」で通信し、GUI画面上から「konashiボード」上の各機能(デジタル/アナログ入出力機能など)にアクセスできるアプリです。

ただし、操作画面は"出来合い"のもので、複雑な処理もできません。

「konashi.js」も同じように、「BLE通信」を使って「konashiボード」上の各機能をアプリからコントロールできます。

しかし、GUI画面や処理内容などを、「JavaScript/HTML/CSS」を使って、自由自在にデザインし、複雑な動作を行なうことも可能です。

● JavaScriptで開発できる「konashi.js」

「konashi.js」アプリと、「konashi-bridge.min.js」(JavaScript用ライブラリ)を利用することで、Webアプリから、BLE経由で「konashi」を制御できます。

また、iOS端末の広大なメモリ空間やCPU処理能力を利用でき、複雑で大容量な処理にも応用が可能。

マイコン単体よりも複雑な処理もこなせます。

＊

「Objective-C」を利用すれば、BLE通信のアプリ開発を自由度高くできるのですが、難易度が少し高めです。

しかし、「konashi.js」を使うと、Web開発で利用している技術で「フィジカル・コンピューティング」が容易にできます。

なお、Android端末の場合は、「konashi inspector」のみ利用可能です。

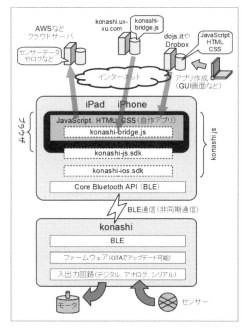

「konashi.js」の動作イメージ

※ただし、BLE通信の「Characteristic」が公開されているので、技術力のある人なら、AndroidやLinux、Windowsなどから直接アクセスするネイティブアプリを作り、「konashi」を制御できると思います。

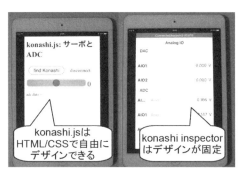

両アプリの画面の比較

●「jsdo.it」と連携

「konashi」は、「jsdo.it」というサービスと連携しています。

「jsdo.it」は、「HTML/CSS/Javascript」を用いてWeb画面の開発ができるクラウド環境です。
この「jsdo.it」環境を使うと、開発～動作確認が簡単にできます。

■ 「konashi.js」から使ってみる

●「サーボモータ」と「ADC」の制御

「konashi」の代表的な機能のうち、「サーボモータ制御」(PWM)と「アナログ入力」(ADC)を使って、iOS端末のGUI画面からサーボモータを操作したり、センサの値をGUI画面に表示してみました。

● デザインしたGUI画面から操作

iOS端末のGUI画面から、「スライドバー」を操作すると、その値に合わせて「サーボモータ」の角度を制御するために、「出力信号」(PWM)のパルス幅をコントロールします。

また、「アナログ入力」(センサ)からの入力値を、定期的に取得して、GUI画面上に表示します。

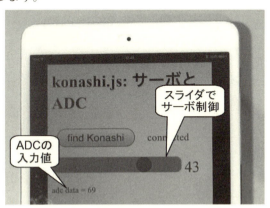

画面イメージ

その際に用いられる「BLE通信」は、1回の通信に数ミリ秒程度の時間が掛かります。

つまり、「入力指示」から「入力値の取得」までに、コンピュータにとっては長い時間の「待ち」が生じます。

そのため、JavaScriptではお馴染みの「非同期通信」として、処理を行なう必要があることに注意が必要です。

● 動作環境の補足

「BLE通信」を行なうiOSアプリの開発は、通常「Objective-C」や「Swift」を利用します。

しかし、「konashi.js」というアプリは、「JavaScript」「HTML」「CSS」で構成されるアプリと、BLE通信を仲介する役割を担っています。

この「JavaScript」「HTML」「CSS」の各ファイルは、通常、インターネット上やLAN内のWebサーバに配置しておきます。

「jsdo.it」や「Dropbox」なども利用できます。

また、Webアプリで用いられる「jQuery」ライブラリは、iOS端末などでは重いので、「jQuery」互換の軽量ライブラリ「Zepto.js」を利用するといいでしょう。

「jsdo.it」で公開されている、各種アプリでも、この「Zepto.js」が多く利用されています。

筆者が作ったサンプルも、それらに倣って、「Zepto.js」を利用しました。

また、このサンプルでは見送りましたが、「Amazon AWS」などにクラウドストレージを用意すれば、「各種センサのデータ」や「処理結果のログ」などを蓄積＆保存し、いわゆる「ビッグデータ」の元ネタとして利用することも可能でしょう。

第2部

電子工作編

ここでは、「100円ショップ・ガジェットの分解」「アナログメータ時計」「蛍光表示管」(VFD管)を使った時計」「RGBフルカラーの7セグメントLED」「非接触給電キットでLED」——などのマイコンボードを使った作例を解説していきます。

「100円ショップ・ガジェット」を分解してみよう!

ダイソーの「Bluetoothリモートシャッター」

最近は、100円ショップでも「デジタル・ガジェット」を見掛けるようになりましたが、中には「この値段で買えるの?」とビックリするものもあります。

ここではそのような中から、ダイソーから発売されている、「Bluetoothリモートシャッター」を分解します。

● ThousanDIY

■ パッケージと外観

今回の「Bluetoothリモートシャッター」は、発売当初は1個300円(税別)で買えるということでSNSで話題になり、品薄の状態が続いてた製品です。

現在は、ようやく在庫も復活し、多くの店頭で見掛けるようになりました。

通信仕様は、「Bluetooth version 3.0」と記載されています。

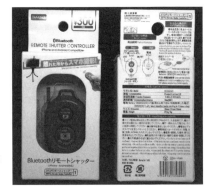

SNSでも話題になった、ダイソーの「Bluetoothリモートシャッター」

■ 本体の開封

● 同梱物

　パッケージの内容は、「本体」と「取り扱い説明書」のみです。

　「テスト用電池」(CR2032)が装着されているので、購入後すぐに使うことができます。

＊

　「本体」には2個の「シャッターボタン」があり、それぞれ「iOS」と「Android」に対応しています。

　また、裏面には「技適マーク」が印刷されており、取り扱い説明書も日本語で作られているなど、きちんと"日本市場向け"の仕様となっています。

本体のボタンと技適の表示

● 本体の構成

　では、さっそく分解していきましょう。

＊

裏面の「電池カバー」を固定するビスを外します。
本体は、ハメ込み式で、側面の隙間をカッターなどでこじ開けて開封します。

内部は、「メインボード」が1枚だけのシンプルな構造です。

開封した本体

第2部 電子工作編

■ 「電子回路ブロック」の確認

● メインボード

「メインボード」は、「ガラス・エポキシ」(FR-4)の両面基板です。
基板上に、「型番」(ZPQ-1729-V2)と「製造年月日」の表示があります。

また、表面には「スイッチ類」と、「IC」が1個実装されています。
Bluetoothのアンテナは「基板パターン」で構成されています。
裏面には、「ボタン電池用の電極」が実装されています。

「メインボード」の構成

●「メインボード」の搭載部品

「メインボード」のIC周辺の拡大図

「100円ショップ・ガジェット」を分解してみよう！

・メインプロセッサ「ST17H26」

中国の深センに本社のあるLENZE Technology社製の「Low Power Bluetooth IC」です。

最大48MHz動作（本製品では「12MHz」で使用）の「RISC 32bit MCU」を搭載し、「LDO」を内蔵、「BLE4.2」をサポートする高機能なSoCです。

なお、LENZE Technology社は、チップだけではなくボード設計やファームウェア開発までサポートする、いわゆる「方案公司」（デザインハウス）です。

「ST17H26」のデータシートも、同社のサイトから入手できます。

＜LENZE Technology＞
http://www.lenzetech.com/

型号：	ST17H26ES16	传统蓝牙：	No	接口资源：	GPIOx9, PWMx4
封装：	TSSOP-16	2.4GHz Radio:	Yes	总线资源：	I2C
工作温度范围：	-40至85	Tx/Rx:	15mA 12mA	ADC：	10bitx1口(4:1Mux)
工作电压：	1.9至3.6V	功耗	Suspend:	10uA	timers：	0/1/2, Ltimer watchdog
BLE：	4.2		Sleep:	0.6uA	按键扫描：	无
MCU 主频：	48MHz	ROM：	Flash:	无	音频输出：	无
OTA：	No		OTP:	16KB	音频输入：	无
加密方式：	无	RAM：	6KB	支持外挂存储：	EEPROM
应用场市：	防丢器、智能灯/群控灯、ibeacon、触摸游戏VR手柄/游戏手柄、智能锁、情趣用品以及其他智能家居物联网产品应用。				

「ST17H26」の主な仕様

＜ST17H26データシート＞
http://bit.ly/2NB4jiC

＊

次に、「ST17H26」の周辺回路を見ていきます。

「ピンアサイン」は、次の通りです。

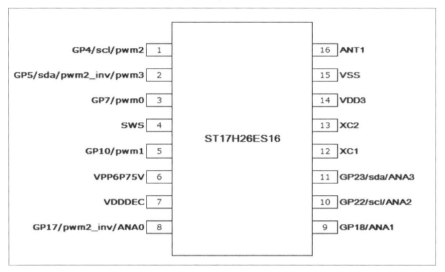

「ST17H26」のピンアサイン

「Androidボタン」はPin8、「iOSボタン」はPin9、「動作状態表示のLED」はPin3に接続されています。

「水晶発振子」(Pin12、Pin13)は12MHzです。

興味深いのは、「OTP」(One Time Programmable)用の端子である「SWS」(Pin4)、「VPP」(Pin6)が、ランドに配線されているところです。

この基板は汎用品として、実装後に個別の仕様に合わせたプログラムを書き込んでいると推定できます。

■ Bluetooth通信の内容

● スマートフォンでの確認

「iPhone」とペアリングし、「iOSボタン」を押すと、画面の音量バーが上がります。

これで、「カメラ・アプリ」のシャッターを切ることができます。

「LightBlue Explorer」というアプリでBLEのサービスを確認すると、「Battery Service」と「Human Interface Device」(以下、「HID」)であることが分かります。

「100円ショップ・ガジェット」を分解してみよう！

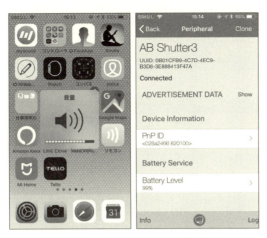

「iOSボタン」を押したときの画面(左)
「LightBlue Explorer」のサービス確認画面(右)

Androidでも、「nRF Connect」というアプリで、同様の確認ができます。

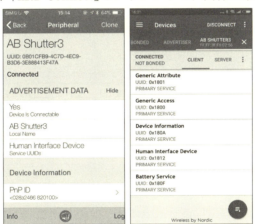

「nRF Connect」のサービス確認画面

```
<LightBlue Explorer(iOS)>
https://apple.co/2O7leu5

<nRF Connect(Android)>
http://bit.ly/2O5DnbA
```

● Windows PCでの確認

本製品は、Windows10(64bit)搭載のPCとペアリングをすると、「Bluetoothキーボード」として認識されます。

また、プロパティを確認すると、「Bluetooth 低エネルギー GATT 対応HIDデバイス」となっています。

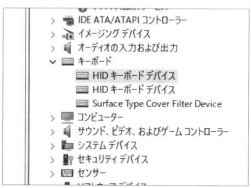

Windows10のデバイスマネジャー画面

本製品のパッケージでは「Bluetooth 3.0」となっていますが、実際は「ST17H26」がサポートする「Bluetooth 4.2」の「Bluetooth Low Energy」(BLE)での動作となっているようです。

Windows10のデバイスプロパティ画面

「100円ショップ・ガジェット」を分解してみよう！

＊

次に、各ボタンを押したときのキー入力を調べてみます。
キー入力の取得には、「Keymill」というアプリを使います。

```
<Keymill>
https://bit.ly/2O7XuWC
```

取得結果が、下の図です。
「iOSボタン」は「音量アップキー」のみですが、「Androidボタン」では前後に「Enterキー」が送信されていることが分かります。

＊

なお、「Enterキー」が送信されているので、PowerPointやPDFを使った「プレゼンモード」で「Androidボタン」を押すことによって、リモートでページを送る、といった使い方もできそうです。

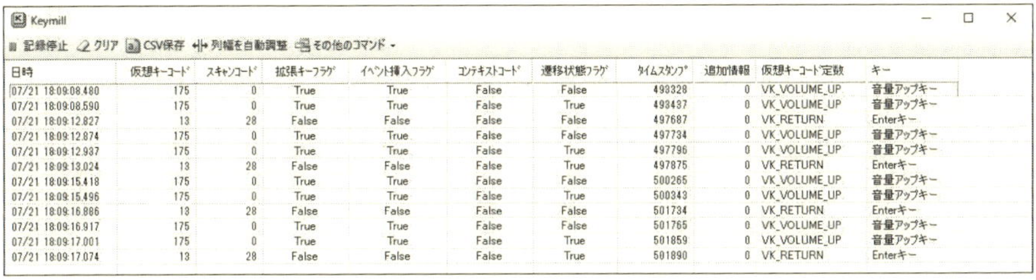

「Keymill」でのキー入力取得結果

「アナログメータ時計」を作る

見ているだけで楽しいレトログラード機構の「アナログ時計」

「アナログ時計」なのに、「デジタル制御」の不思議な時計。時計の針を見ているだけで楽しく、なんとも言えない落ち着きがある時計を「Arduino」で簡単に作ってみました。

●たまさ

■ 時計の表示部

「時計の表示部」には、「アナログ直流電圧計」を使います。
ですから、「アナログ時計」といっても「機械式時計」ではありません。
0～5[V]の「アナログ直流電圧計」を使うことで、「マイコン」から直接制御できます。

> ※ちなみに、「針が、時間の経過とともに右に動いて、いちばん右に到達するといちばん左に戻る往復運動」を、時計では「レトロ・グラード」というらしいです。

●「アナログメータ」の選定

ここでは「85C1」というタイプの安価な「アナログメータ」を使います。

「85C1」タイプの「アナログメータ」

0～5[V]の「直流電圧計」を使うと、制御が非常に簡単になるので、それを使うことをこの「アナログメータ」は「aitendo」や「Amazon」でも購入可能です。

http://www.aitendo.com/product/14465

「アナログメータ時計」を作る

「85C1タイプ」の「アナログ電圧計」は、幅が6cmほどと大きいので、「時」「分」「秒」を表示するとなると、「時計」としては大型になります。

もっとレトロなデザインのメータを選ぶと、雰囲気が出ていいかもしれません。

たとえば「65C5」というタイプの「アナログメータ」を使うとレトロっぽくていいデザインだと思います。

「65C5」タイプの「アナログメータ」

ただし、入手性が非常に悪いのが難点です。

■ 時計の制御部

メータへの表示や時刻の取得には、「Arduino」を使います。
電源回路も搭載されていますから、ハンダ付けも少なくてすみます。

● 原理の解説

「アナログ直流電圧計のメータだからアナログ電圧で0~5[V]を与えないといけない」と考えるかもしれません。

ですが、「Arduino」は「アナログ出力」という機能をもっているので、そのままそれをメータに与えるだけで、任意の電圧値を指示することができます。

しかし、「Arduino」の「アナログ出力」は「アナログ」とはいうものの、実態は「方形波」である「PWM信号」のことです。

第2部 電子工作編

では、0[V]と5[V]を繰り返す「方形波」をメータに与えるだけで、なぜ任意の電圧値を指示できるのでしょうか。

これは、今回使うアナログ直流電圧計が「可動コイル形」と呼ばれるタイプの計器であり、「可動コイル形計器」は「平均値を指示する」からです。

「デューティー比」を調節することで、「方形波」の平均値を変化させることで指示値を時計のように動かします。

●「時」「分」「秒」表示プログラム

つまり、「時」を表示するには、「RTC」(リアルタイム・クロック)などから現在の「時」の情報(0～24)を取得して、アナログ出力(PWM：0～255)で出力すればいいわけです。

【「時」表示用出力プログラム】

```
analogWrite(hour_pin, map(hour_data, 0, 24, 0, 255));
```

上記の「hour_pin」は、「アナログ出力」(PWM)が可能なピン(「Arduino Uno」であれば、3, 5, 6, 9, 10, 11」ピン)で、「hour_data」は「RTC」などで取得した現在の「時」の情報が入るようにします。

この「時」表示用出力プログラムを、「分」「秒」に対しても同じように適用すれば、単純な時計であれば、ほぼ完成です。

【「分」表示用出力プログラム】

```
analogWrite(min_pin, map(min_data, 0, 60, 0, 255));
```

【「秒」表示用出力プログラム】

```
analogWrite(sec_pin, map(sec_data, 0, 60, 0, 255));
```

● 実際の制御部

「制御」には、前述の通り「Arduino」を使います。

ただし、動作電圧が5[V]のものを使ってください。たとえば、「Arduino Uno」や「Arduino Leonardo」がそれに当たります。

また、「RTC」には、マキシムの「DS3231」を使いました。「DS3231」は高精

「アナログメータ時計」を作る

度なので、時刻がズレにくく、「I2C」で通信できるので、簡単に使うことができます。

時刻を取得するためには別に今回使っている「RTC」でなくともかまいません。

たとえば、「GPSモジュール」やネットにつないで時刻を取得してもいいですね。

＊

「電源」は、「DCジャック」または「VIN端子」から直流12[V]程度の電源を供給します。

これも直流5[V]を5V端子に直接供給してもかまいません。

＊

「Arduino」や「RTC」(DS3231)、「アナログメータ」などで構成された「アナログメータ時計」の回路図は、下図のようになります。

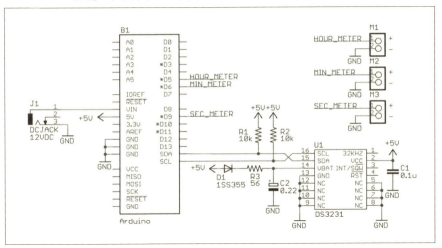

「アナログメータ時計」の回路例

第2部 電子工作編

■ 時計のケースデザイン

● 「アクリル板」を使ったケース

実はいちばん重要な、見た目に関わってくる外装をどうするかですが、私は「アクリル板」を加工して作ることにしました。

「ケース」には、「Arduino」を内部に取り付けできるようにするのと、「DCジャック」を取り付ける穴を開ける必要があります。

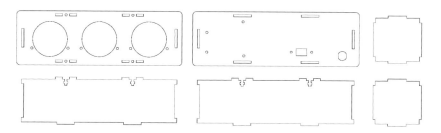

「アナログメータ時計」のアクリルケース図面

● 時計のようなラベル

「アナログメータ」の表示部が0～5[V]のスケールのままでは非常に見づらいです。今が何時何分何秒かがまったく分かりません。

そこで、ここも置き換えてしまいます。

「85C1」のメータであれば前面カバーはネジで取れるようになっているので、交換は簡単です。

ちょっと厚い紙（光沢紙でOK）で印刷すれば、完成です。

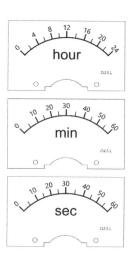

「アナログメータ」の置き換え用ラベル

「アナログメータ時計」を作る

理想としては、金属の薄板にラベルでも貼れば曲がらなくていいのかもしれませんが、紙に印刷するほうが楽です。

「可動コイル形」で「CLASS 2.5」で「鉛直に置いて使用する」という、表示も一応入れています。

別になくてもいいのですが、もともとの表示にはあったので、入れました。

そのほうが「それっぽい」感じが出ていると思いませんか。

●「アクリルケースの図面」「メータ用ラベル」のダウンロード

ここで紹介した「アナログメータ時計」の「アクリルケースの図面」と「アナログメータ用のラベル」は私のWebサイトで公開しています。

よければ、ダウンロードしてご利用ください。

https://ehbtj.com/electronics/make-analog-meter-clock/#i-6

■ 組み立て、完成

ここまでで作ってきた「制御部」を、ケースに入れて、完成です。

「時計」の動きが見せられないのが残念ですが、針の動きをただ見ているだけで楽しいです。

電子工作として「時計」を作るのは定番ではありますが、その中でも比較的簡単に作れる「時計」だと思います。

材料が揃えさえすれば、おそらく「7セグメントLED」で時計を作るより簡単です。

「アナログメータ」時計

「蛍光表示管」(VFD管)を使った時計製作

見た目もキレイな「卓上置き時計」を作ってみよう

ここでは「蛍光表示管(以下、VFD管)を使った時計」を製作していきます。

●おかたけ(魔法の大鍋)

■ 「ニキシー管」よりも手頃

一部では非常に有名な「ニキシー管」。

現在は入手困難になりつつあったり、点灯させるには「170V」の高電圧が必要だったりして、ハードルが少し高いのが難点です。

それに比べて、「VFD管」は入手がしやすく、値段も手頃です。

また、電圧も「35V」あればいいという優れものです。

身近なところだと、「BD/DVDレコーダ」などの青緑色表示器にも利用されています。

■ 「VFD」の構造

「VFD」は、「蛍光表示管」とも言ったりするらしいですが、実は日本が発祥の技術です。
(「電卓」の表示部として開発されたとか)。

「蛍光表示管」（VFD管）を使った時計製作

● 構造図

「VFD」の光る仕組みは、

①「フィラメント」に電圧をかけると電子が発生。
②それをグリッドで加速。
③「アノード」となる表示部分に到着した電子が発光する。

という手順を踏んでいます。

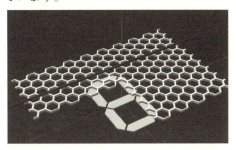

■ いろいろな「VFD管」

まずは、どのぐらいのサイズの時計にしたら見栄えが良いか、と言うことで各種サイズの「VFD」を入手してみました。

●「VFD管」たち

大きく分けると、「上方向に発光するタイプ」と「横方向に発光するタイプ」があるようです。
サイズもいろいろあって、見ていて面白いです。

＊

小さくするのは面倒なことが分かっているので、ここでは横方向に発光する「VFD管」(IV-11)を使って、時計を作っていきます(写真上側の左から3番目)。

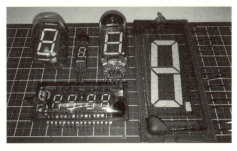

<「IV-11」のサイズ>

外形：60mm×20mm
数字：21mm×14.6mm

※だいたい親指ぐらいのサイズ。

■ 光らせてみる

「IV-11」がどのように発光するのかを試すため、電源に接続してみます。

「17.5V」で、明るいところでも文字が読めので、電圧はそんなに上げなくても大丈夫そう。

しかし、光らせるのに「電圧グリッド」と「アノード電圧」の2つの電圧が必要に…。

マイコンで制御することを考えると、「3電源」が必要になるようです。

■ 並べてみる

次に、どんな感じに並べたらキレイに見えるかを考えてみます。

隙間なく並べて、「8本」とか「6本」とか、時計にするなら「コロン」も欲しいなと思ってみたり。

検討の結果、オーソドックスに「6本＋コロン2本」が良さそうです。

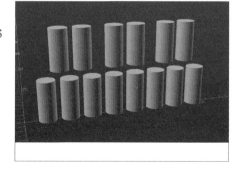

「蛍光表示管」（VFD管）を使った時計製作

■「マイコン」を選ぶ

次に、制御するための「マイコン」を選んでいきます。

選ぶとは言っても、手軽にネットワークに接続できる機能が標準で使えるマイコンはそんなに多くありません。

ここでは「無線」で考えているので、「ESP8266」と「ESP32」のどちらかにするという選択になります。

両方とも幅は「18mm」で同じですが、長さが「ＥＳＰ８２６６」は「２０mm」、「ESP32」は「25.5mm」なので、「5.5mm」ほど「ESP32」のほうが大きいです。

＊

ここはやはり、小さいほうにしましょう。

この後で基板に収めようとしたときに、小さいほうが使いやすそうです。

■ テストで点灯させる

次は、きちんと点灯できるかをテストしてみます。

配線がグチャグチャで、電源は外部給電ですが、「VFD専用のドライバIC」を使って点灯しています。

■ USB昇圧電源

「ESP8266」を使って点灯できることが分かったので、次に考えないといけないのは、「電源をどうするか」です。

候補は「USB」か「AC-DCアダプタ」を経由する方法。
「AC-DC」を使うと、後から問題が起きなそうな気がするので、あえて「USB給電」にチャレンジしてみるのが面白いかもしれません。
できるだけ配線を減らすべく、回路を設計してみることにします。

■ 並べてみる

「VFD」がきちんと見えるような間隔などを試してみるために、「VFD」を差し込むだけの基板を作ってみました。
並べてみると、なかなかいい雰囲気です。
「：」(コロン)は、入れたほうが見栄えが良さそうなので、この並びで作っていくことにします。

※横幅はだいたい「20cm」。

■ 仕様を考える

だいたいのコンポーネントは考えたので、最終的にどうしたいかを決めます。

・IV-11x6 + IV-15x2 (VFD)
・WS2812B (VFD照明用)
・ESP-WROOM-02

（コアモジュール）
・MAX6921（VFDドライバ）
・DS1307（RTC（バックアップ付き））
・TSL2561（照度センサ）
・STTS751（温度センサ）

この辺りならば、後から機能追加などもできそうです。

■ 電圧が足りない

問題なのが、「ダイナミック点灯」です。

分かりやすく言うと、人の目では点灯してるように見えても、カメラ越しだとチラついてるように見える現象。

LEDの点灯制御などではよく使うのですが、当然、点いている時間が短ければ暗くなります。

資料によると、点灯時間が半分になったら、電圧を「30%」ほど上げないといけないらしいです。

ここでは、6本を3グループにしたいので、「50%」ほど電圧を上げる必要があります。

■ ダイナミック点灯？

「VFD」を点灯させるために、ここでは「ダイナミック点灯」という手法を使います。

時計なので、「時/分/秒」を3回に分けて点灯するイメージです。

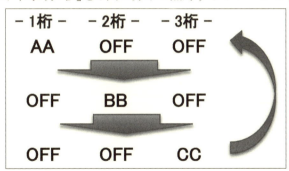

人間の目を誤魔化すには、秒間に24回以上表示の切り替えをしないといけないようです。

多めに見積もって100回ぐらい切り替えてあげれば、きれいに見えるでしょうか。

■ 必要電圧は何ボルト？

そしてようやく「電圧」の話です。

＊

「輝度は、グリッド・アノード電圧の2.5乗に比例し、また発光デューティにも比例する」らしい。

要するに、「25V」が定格で、その「1/3」で発光するならば、「39V」くらいの電圧を入れれば同じぐらいの明るさになる、と言っていると思います。

そして、今回使うVFDの最大電圧は、「70V」みたいなので、たぶん大丈夫。ということで、40VをDC-DCで作る電圧の目標としてみたいと思います。

■ VFD駆動用ドライバIC

さらに、ここでは、VFD用の専用ドライバICなどを見付けたので、使ってみようと思います。

「MAX6921」というICなのですが、20ch制御で76Vまでスイッチできる、優れもの。

「FET」(Field Effect Transistor)を組み合わせて、スイッチすることもできますが、かなりの数が必要になります。

どうしようかと思っていたところなので、いいものが見付かりました。

■ 昇圧回路

「昇圧回路」の動作を簡単に説明するにはどうすればいいか。
かなり乱暴に言うなら、

> 電流を一方通行にした後で、コンデンサに貯めた電気を、コンデンサに投げ込む

です。
コンデンサに貯めるよりも速く、電気を消費する環境の場合は、電圧が上がらないということが発生します。

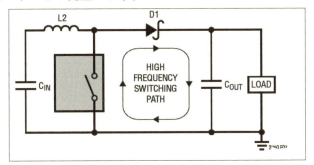

高周波スイッチング電流の経路

毎回、電圧を上げる昇圧はうまくいかない思い出があります。
ちゃんと計算しているはずなのですが、作ってみると電圧が足りなかったり。

■ 「DC-DCコンバータ」の設計

昇圧するのには、簡単に作るなら「パルス信号」、「PWM」(パルス幅変調)で出力があれば、それで作ることは可能です。

汎用のチップを使うならば「タイマーIC555」を使うことができます。

それでもフィードバックしたりとかが面倒なので、ここでは秋月電子でも購入できる「MC34063」を使って設計していきます。

これは、非常に有り難いことに、最大電圧は40Vまで昇圧することが可能です。

どんな感じかを計算してみると…何とかなりそうな値です。

入力電圧	5V
出力電圧	39V
出力電流	75mA
スイッチ周波数	75kHz

```
L：33uF
Rsc：0.2Ω
Ct：480pF
R1=3k R2=91k (39.17V)
```

■ 回路設計で使う「CAD」

それでは回路設計に進みます。

「DC-DC」の動作検証をしていませんが、「データシート通りに作れば動くだろう」という思いから…。

＊

回路設計ですが、私は基本的にAutodesk社の「EAGLE」を使って設計しています。

何度かほかのCADに乗り換えようとしたのですが、慣れたソフトからの移行は難しいですね。

■ 便利な「UPL」

せっかくなので、「EAGLE」でよく使う機能や、便利な「UPL」(スクリプト)を紹介しておこうと思います。

● unrouted-and-dangling-nets-v2

「未配線」(Unrouted)と「接続が終わっていない配線」を一覧表示してくれる優れものです。

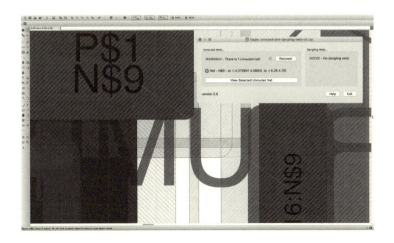

ダウンロード先は、以下から検索してください。

http://eagle.autodesk.com/eagle/ulp

■「EAGLE」で便利な機能

ちょっと忘れていたりする「便利機能」を、2つほど紹介します。

● Cutout機能

ベタパターンの一部を抜きたいときは、「tRestrict/bRestrict」を使います。でも、内層で抜くときは「Cutout」を使います。

赤枠を選択してから領域を選択すると、抜きパターンになります。

● DRCのShape機能

すでにライブラリで指定されているランドパターンに、「角R」を付けてくれる便利機能。

ライブラリを修正しなくても、角が丸処理されるようになります。

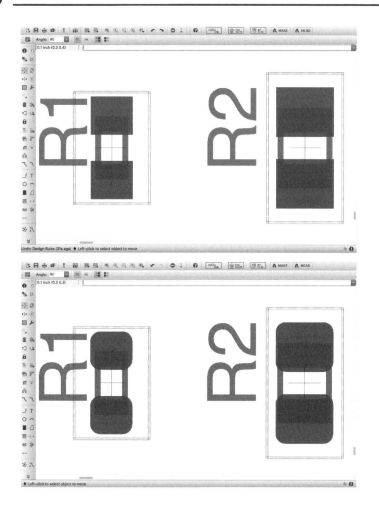

※「DRC」→「Shapes」の「Roundness」から設定できる。

■ 部品配置を考える

今回の基板は、「時計」ということもあって、「横長の基板」で設計します。

サイズはテスト用に「VFD」を挿してチェックしただけの基板サイズを、ちょっと変更。

「横幅20cm、縦幅5cm」としてみたいと思います。

こんな感じに配置予定。

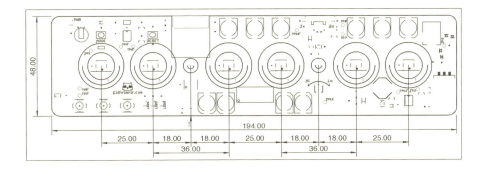

■ 回路設計とアートワーク

回路のほうは、掲載するには複雑すぎるので割愛。
なんだかんだとアートワークした結果が、次のような感じです。

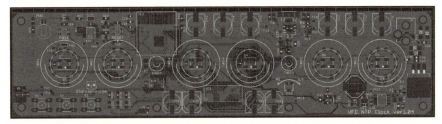

■ 基板が出来てきた

最近は、海外の業者で基板を作っても、シルクがかなりキレイに出来るようになってきました。

ロゴを入れてみたのですが、印刷はけっこうキレイです。

■ 注文は二度見して

しかし、案の定、失敗がありました。

＊

ここでは、メインに「ESP8266」を使っていますが、そのままだと少しI/Oに使うピンが足りないので、I/Oエキスパンダ「PCF8574P」を使って拡張することに。

しかし、届いたのは「PCF8574D」。
一文字違いで、まったく違うチップになります。
結果として、IC5に載るはずのない、巨大なチップが届いてしまいました。

よくあるというか、型番検索で複数の形式があった場合には、ちゃんと2回チェックを怠らないことを新年早々に思い知りました。

■ 実装してみる

間違ったチップは再注文して、実装したのが次になります。

「VFD」を取り付けていないと、何に使う基板なのか、パッと見では判断しづらい形です。

「VFD」を差し込んでみると、なかなかそれっぽい形に見えてきました。

第2部　電子工作編

■ まっすぐに並ばない

差し込んでみて分かったのですが、見ての通りで「VFD」がまっすぐ並ばず、高さが揃っていません。

何とかして、「VFD管」を揃えてハンダ付けする方法を考えないといけません。

■ 実装してみる

なんだかんだと悩みましたが、結局、「MFD」をレーザーカットして、専用の「取り付けジグ」を作りました。

位置合わせよりも、「VFD管」のサイズにぴったりの直径を見つけるほうに時間がかかりました。

こんな感じに差し込んで、裏側からハンダ付けすると、ちゃんと並んで見えるようになります。

「VFD」を取り付けた

「VFD」の取り付けも終わると、かなり時計らしくなってきました。
半田付けずみの状態は、次のような感じです。

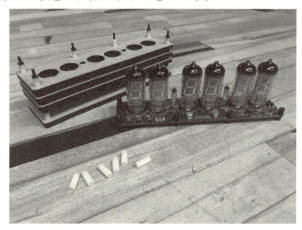

　せっかくなので、天板に、透明な「アクリル・パネル」をレーザーでカットして取り付けてみました。

第2部　電子工作編

■ 戦場は「外側から内側へ」

外枠はだいたい出来たので、次は動くようにプログラムを作っていきます。

ここでは、サイズなどを考慮の上で、「ESP8266」をメインマイコンとして搭載しています。

■ 「VFD」を付ける前にまずは

ますは、「VFD」を点灯するための電圧を合わせます。

ここでは、「38V」に設定して使うことにします。

ちゃんと電圧を合わせないと、電圧が足りずに、暗くなったり点灯しなかったりします。

■ 「VFD」の表示テスト

ここまで来たら、あと少し。
「VFD」のテスト表示を行なうプログラムを作って、表示させてみます。

かなりキレイに表示されます。
ただ、光度を最大にした割には、ちょっと暗いような気がしなくもない。

電圧を測ってみると、次のような測定値に…。

■ 電圧が足りない？

「VFD」の点灯まではうまくいったのですが、点灯しながら電圧を測ってみたら、少し足りない(20Vくらい)。

たぶん、この辺りの「インダクタ」と「発振周波数」の設定に問題があるはず。

なんだかんだと調べた結果、「VFD」に流れる電流が、計算よりも多いことが判明。

「MC34063A」でVFD6本を点灯させるときに必要な電圧(40〜45V)を作るのに必要な、主要部品のサイズが以下。

・インダクタ：22μH
・発振周波数コンデンサ：360pF
・過電流検出抵抗：0.24mΩ

基板は、一箇所失敗してジャンパしています。

■ 特徴の解説

最後に、特徴的な部分の説明をしていきます。

*

「ESP8266」は、主にサイズ的な理由から選定して使いましたが、問題は「入出力のピン」が足りないこと。

その解決策として、I2Cに接続する「I/Oエキスパンダ」を使いました。

ここでは、入力があった際に「割り込み発生用信号」を出してくれるタイプを使ったのですが、案の定トラブルが発生。

「蛍光表示管」（VFD 管）を使った時計製作

調べて分かったことは、「割り込み」を複数個使うと、場合によっては「ESP」がリセットされるということ。

そこで、最低限に絞って順序などを調整したら動くようになりました。

ちなみに、「割り込み処理」は3個ぐらいにしておくのがいいようですよ。

■ とりあえずの完成

最後に、アクリルパネルを「ミラーパネル」に換えて、いったんの完成です。「VFD」の数字がパネルに反射して、かなりキレイに見えます。

「ニキシー管」もいいですが、「VFD」もなかなかレトロな感じがしますね。

第2部 電子工作編

■ 各部から見てみる

せっかくなので、各部を紹介していきたいと思います。

＊

いちばん苦労したのが、「VFD」用の電源部分。
USBから「VFD」を6本駆動するのはけっこう無理があると分かりました。
次回があるなら、「DC12V」くらいを使おう。

「VFD」のコントロール部分は、コントロールICの両側に安定用のコンデンサを配置。

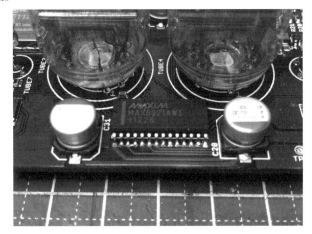

「RTC」は、「バッテリ・バックアップ付き」にして、電源を抜いても大丈夫なように。

USBからの電源給電部分は、左右に「5V系」と「3.3V」を配置しています。

＊

「WebUI」があると、設定が便利かなと思うのですが、それはいずれ時間ができたらで。

それと、「電源」部分は、時間を見つけてもう少し良くしたいと思います。

PICで「RGBフルカラー」の「7セグメントLED」点灯

基本回路とそのしくみ

ここでは、一風変わった「7セグメントLED」の点灯実験をしてみます。

●神田　民太郎

■ 「7セグメントLED」とは

「7セグメントLED」は、昔から、多くの分野で数字を表示するパーツとして使われてきました。

発光色は、「赤」「緑」「青」「オレンジ」などがあり、最近では、「白色」のものもあります。

「バックライト」を付けないと見えづらい「液晶」とは異なり、視認性に優れています。

一方、自ら発光するLEDですから、当然ですが、発光色が限られているという難点もあります。

＊

「LED」ですから、RGBで複数色を発光する「7セグメントLED」はないのだろうかと思い、検索してみると、ありました。

RGB7セグメントLED

PICで「RGBフルカラー」の「7セグメントLED」点灯

■ 「RGBフルカラー」7セグメントLED

　この「LED」は、オランダのRGBDigit社から販売されていて、国内でも秋月電子で購入することができます。

　大きさは縦34mm、横23mmのやや大きめの7セグLEDです。

　価格は1280円（税込）と、単色の「7セグLED」では、あり得ないぐらい高価なものです。

　一般的なRGBのLEDでは、端子がコモンも含めて4つありますから、もし、この単発のRGB－LEDを7つ使ってセグメントを構成した場合、「7×3＋1＝22端子」（ドットも含めると25端子）にもなります。

　ざっと考えても、「コントロールが大変そう！」と思います。
　ところが、この「フルカラーRGB7セグメントLED」の後ろを見ると、何と、端子は6つしかなく、そのうちの2つは、それぞれ「VDD」(2端子)と「GND」(2端子)なので、実質的には4端子しかありません。

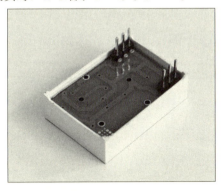

RGB7セグメントLEDの裏側

　「いったい、これでどのように任意の色を出力して数字を構成するのだろう」と疑問に思うでしょう。
　その秘密は、この「RGBフルカラー7セグメントLED」の1つ1つのセグメントに使われている「RGB－LED」にありました。

　これらの「RGB-LED」には、Worldsemi社の「WS2812B」が使われています。

103

第2部 電子工作編

　このLEDは、内部にマイコンをもっていて、「シリアル・データ」を「DIN端子」に送ることによって、RGBのどのLEDをどれぐらいの輝度(0～255)で点灯させるかをコントロールすることができるのです。

WS2812B(秋月電子)

　しかも、このLEDの「DOUT端子」を次の同じLEDの「DIN端子」につなぐことで、次々と連結でき、それぞれのLEDを異なる色で光らせることができます。

　逆に言えば、適切なシリアルデータを送り込まない限り、まったく点灯させることができません。

■「RGB7セグメントLED」点灯基本回路

　今回、実験に使う基本回路を示します。

＊

　シリアル信号を送るための1ポート(どのポートでも出力ができれば可)があればOKです。

　ただし、メインクロックを40MHzにする関係上、PIC18F1220を使っています。

　最大クロック40MHz以上を設定可能なPIC18であれば、どれでもOKです。

実験回路基板

PICで「RGBフルカラー」の「7セグメントLED」点灯

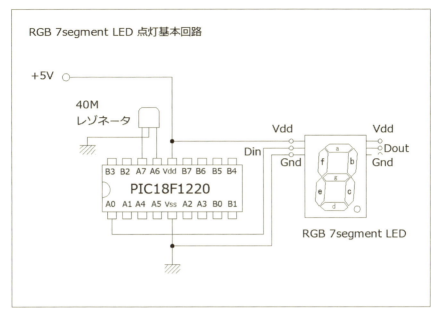

「RGB7セグメントLED」点灯基本回路

表 RGB 7セグメントLED 点灯基本回路に必要な主部品

材料・部品	型番など	秋月通販コード	単価	数量	金額	購入店
CPU	PIC18F1220	I-05377	250	1	250	秋月電子
レゾネータ	40MHz	P-02886	25	1	25	〃
ICソケット（丸ピン）	18Pin	P-00030	40	1	40	〃
RGB7セグメントLED		I-12181	1,280	1	1,280	〃
積層セラミックコンデンサ	0.1μF	P-00090	10	1	10	〃
ユニバーサル片面基板	47mm×36mm	P-08241	30	1	30	〃
				合計	1,635	

■ 点灯のためのシリアルデータ・プロトコル

「シリアルデータ」とは、1本の線を使って、0と1の信号を送るだけの単純な通信方法です。

線1本でデータを送ることができるので、大変便利な反面、送るデータを1ビット単位に、細切れにしなくてはいけません。

また、1バイトのデータを8回に分けて送るため、時間がかかるので、メインクロックのスピードを上げることによってそれを低減します。

*

この「WS2812B」のシリアルデータ・プロトコルは、SPIやI2Cなどのような有名なプロトコルではなく、単純な独自プロトコルになっています。

ですから、PICでCCS-Cを使って、「用意されている関数を使って簡単にプログラム」というようなわけにはいきません。

「Arduino」ではサンプルスケッチが用意されているので、容易に点灯実験ができるようですが、PICにはそのようなものも見当たりません。

ですから、Worldsemi社が提供している制御パルスに従って、制御信号を作り出すしかありません。

*

その波形は極めて単純で、次のようなものです。

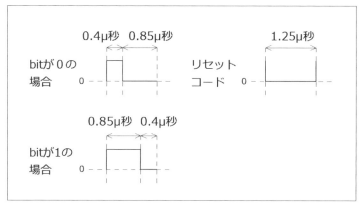

パルスの波形

PIC で「RGB フルカラー」の「7 セグメント LED」点灯

　この図の1パルスが、データの一部の1ビットを表わしています。
　RGBのデータはそれぞれ、1バイトで合計3バイトありますから、ビットで表わせば、8×3＝24bitのパルスで、1つのセグメントの色データを送るということになります。

　これを「aセグメント」から順番に「b」「c」「d」「e」「f」「g」と送り、最後は小数点部分のデータを送ります。
　RGBの各データの1バイトデータの中身は、LEDを発光させるときの輝度レベルで、「0」は消灯、「255」(FF)は全灯ということになり、「256×256×256＝16777216色」を表現できます。

　実際に点灯してみると、輝度レベルの値が、「30」(16進)程度でも充分に明るく、明るい日中の部屋でも、充分認識できる明るさです。
　最大輝度レベルの「FF」(16進)では、眩しすぎるぐらいです。

＊

　図の波形のハイレベル(1)のデータや、ローレベル(0)のデータの時間の0.4μ秒や0.85μ秒の値には、許容範囲があり、メーカーのデータでは、±150n秒とあります。

　つまり、±0.15μ秒ということになります。
　ですから、0.4μ秒は0.25μ秒～0.55μ秒、0.85μ秒は0.7μ秒～1.0μ秒までOKということになるので、その範囲で設定すればよいということになります。

　たとえば、送り込む1バイトデータが78(10進)だとすると、

```
78(10進)→4E(16進)→01001110(2進)
```

となるので、

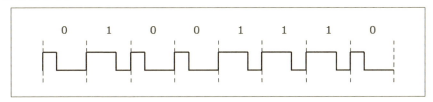

のような波形を送り込むことになります。

第2部 電子工作編

送り込む1バイト・データの順番は、「G（緑色の輝度レベル）」「R（赤色の輝度レベル）」「B（青色の輝度レベル）」で、合計3バイトとなります。

PICマイコンでこの波形を生成することを考えると、「delay_ms( )」や「delay_us( )」を使って次のようなプログラムを書けばよさそうな気がします。

※A0ポートにデータ信号を出力する想定で、コンパイラは「CCS-C」の場合。

```
output_high(PIN_A0);
delay_us(1);
output_low(PIN_A0);
delay_us(1);
 :
```

しかし、一目瞭然、このプログラムでは、最小1μ秒の幅のパルスしか作れないことが分かります。

＊

では、0.4などのパルス幅は、どうやって作ればいいのでしょうか。

もし、コンパイラに「CCS-C」を使っているのであれば、もう1つの時間待ち関数「delay_cycles( )」を使う方法があります。

「delay_ms( )」や「delay_us( )」が、基本的には、CPUのメインクロックにかからず、指定した時間待ちをしてくれるのに対して、「delay_cycles( )」は、メインクロックに依存した待ち時間となります。

「delay_cycles(1)」は、メインクロックの4倍です。

メインクロックが40MHzの場合、「delay_cycles(1)」は、理論的には「0.1μsec」となります。

今回使いたいのは、「0.4μsec」と「0.85μsec」ですから、「0.4μsec」は理論上は単純に「delay_cycles(4)」となり、「0.85μsec」は「delay_cycles(8)」（0.85μsecは0.7μ秒～1.0μ秒の範囲内で変更可だから）ということになります。

＊

次は実際にプログラムを作り、波形をオシロスコープで確認して、それぞれの1パルス幅、周期がどれぐらいになっているかを見てみます。

■ プログラムの中身

では、実際に、「1のデータ波形」の生成をするための「delay_cycles(8)」「delay_cycles(4)」と、「0のデータ波形」の生成をするための「delay_cycles(4)」「delay_cycles(8)」を使って出力した波形をオシロスコープで確認して、それぞれの1パルス幅、周期がどれぐらいになっているかを見てみます。

*

プログラムの全体は、次のようなものです。

```c
//-------------------------------------
//PIC18F1220 RGB 7Segment LED
   1桁点灯  Program
//Programmed by Mintaro Kanda
   メインクロック　40MHz
//2017-9-30(SAT)    CCS-C  コンパイラ用
//-------------------------------------
#include <18F1220.h>
#fuses NOIESO,NOFCMEN,HS,NOBROWNOUT,PUT,BORV45
#fuses NOWDT
#fuses NODEBUG,NOLVP,NOSTVREN
#fuses NOPROTECT,NOCPD,NOCPB,NOMCLR
#fuses NOWRT,NOWRTD,NOWRTB,NOWRTC,NOEBTR,NOEBTRB
#use delay (CLOCK=40000000)
#use fast_io(A)
#use fast_io(B)
int count=0;
int d1[2],d2[2];
void bit(int data)
{
    signed int i;
    int a=0x80;
    for(i=0;i<8;i++){
        if(data & a){
            output_high(PIN_A0);
            delay_cycles(8);
            output_low(PIN_A0);
            delay_cycles(4);
        }
        else{
            output_high(PIN_A0);
            delay_cycles(4);
```

```c
                    output_low(PIN_A0);
                    delay_cycles(8);
            }
            a>>=1;
        }
}
void reset(void)
{
    output_low(PIN_A0);
    delay_us(50);
}
void main()
 {
    int val;
    set_tris_a(0x00);
    set_tris_b(0x00);
    setup_adc_ports(NO_ANALOGS);

    output_a(0x0);
    while(1){
        bit(0x0);bit(0x30);bit(0x0);//a 赤
        bit(0x30);bit(0x0);bit(0x0);//b 緑
        bit(0x0);bit(0x0);bit(0x30);//c 青
        bit(0x30);bit(0x30);bit(0x0);//d 黄色
        bit(0x30);bit(0x0);bit(0x30);//e 水色
        bit(0x0);bit(0x30);bit(0x30);//f 紫
        bit(0x10);bit(0x20);bit(0x0);
//g オレンジ
        bit(0x30);bit(0x30);bit(0x30);
//dot 白

        reset();
        delay_ms(5000);
//5秒後にデータ再書き込み(必須のものではない)
    }

}
```

　これにより、「delay_cycles(8)」の1パルス幅は「898nsec」、「delay_cycles(4)」が「502nsec」であることが分かります。

　さらに、周期は「2.7μsec〜2.9μsec」で、理論上の「800nsec」「400nsec」

「1.2μ」とはなっていません。

これは、「理論上」と「実態」の差、また、「周期」については、「ループにかかる処理の負荷」が影響しているためです。

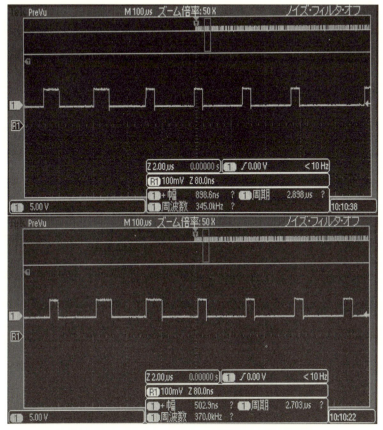

「デジタル・オシロスコープ」による実際の波形の測定①

しかし、「7セグLED」の制御には影響ないようです。

「矩形波」のほうは、「delay_cycles(8)」を「delay_cycles(7)」に、「delay_cycles(4)」を「delay_cycles(3)」に変更。

波形を見てみると、次のように、ほぼ「800nsec」と「400nsec」になり、周期も「約$2.6\mu\sec$」に縮まりました。

第2部 電子工作編

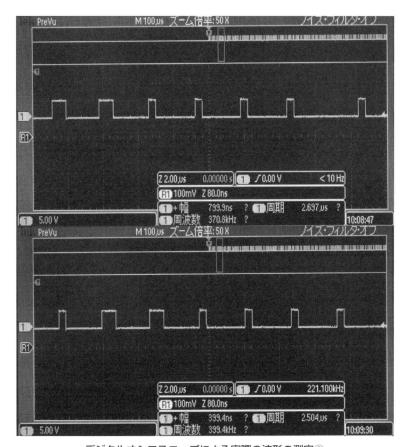

デジタルオシロスコープによる実際の波形の測定②

　このようにすると、C言語のレベルで、「0.1μ秒」オーダーのパルスを生成しようとすると、メインクロックを「40MHz」ぐらいにしないと苦しいことが分かります。

　今回使った、「PIC18F1220」などの「内蔵オシレータ」の最大が8MHzであることから、外部クロックの使用は必須になります。

　その他の方法としては、「アセンブラ・レベル」での記述をしなければいけません。

　また、1パルスの出力には、当然「ループ命令」を使いますが、そのループ内に1つでも多く処理命令（足し算や引き算も含めて）を入れると目的のシリアルデータ生成に影響を与えるので、最小限の命令で構成します。

PICで「RGBフルカラー」の「7セグメントLED」点灯

■ 「1バイトデータ」から「1ビットデータ」を8つ切り出す

プログラムの「メインルーチン」から目的とするデータを送るときは、目的とするデータを1バイトの表記で関数に送ることになります。

なぜなら、1ビットデータでは、あまりにも煩雑になるからです。

しかし、RGB7セグLEDに送る信号は、1ビットの連続データですから、これを1バイトのデータから切り出さなくてはいけません。これには、ビットシフト命令と、論理演算を行なうことで実現します。

また、ビットデータは、1バイトのデータの上位ビットから送ることになっているので、次のような関数プログラムが考えられます。

```
void bitout(int data)
{
 int i,od;
 for(i=0;i<8;i++){
  od = data>>(7-i) & 1;
//1バイトデータの上位ビットからの1ビット切り出し
  if(od){
    output_high(PIN_A0);
    delay_cycles(7);
    output_low(PIN_A0);
    delay_cycles(3);
  }
  else{
    output_high(PIN_A0);
    delay_cycles(3);
    output_low(PIN_A0);
    delay_cycles(7);
  }
 }
}
```

しかし、残念ながらこの関数プログラムはうまく動作しませんでした。
(7-i)という引き算で時間をロスしているようです。
そこで、この演算をからめないように次のようなプログラムに書き換えてみました。

```
int i,od;
for(i=7;i>=0;i--){
    od = data>>i & 1;
//1バイトデータの上位ビットからの1ビット切り出し
  :
  :
```

これで、(7-i)という演算を含む負荷がないので、うまくいくと思いました。
…が、やはりうまくいきません。どこが悪いのでしょうか。

＊

普段はあまり気にしないのですが、「CCS-Cコンパイラ」の場合は、変数の型は、デフォルトで「unsigned型」なのです。

つまり、「int型」の場合は負の値を扱わない「0～255」が変数の取り得る範囲となります。

ですから、上記のようなプログラムでは、「0」の次は「－1」がきて、ループを抜けることを想定していますが、そのようにならないので、ループから抜けられないわけです。

これは、次のように、「int」の前に「signed」を書けば解決します。

```
signed int i,od;
for(i=7;i>=0;i--){
    od = data>>i & 1;
//1バイトデータの上位ビットからの1ビット切り出し
  :
  :
```

この場合、変数「i」や「od」の数の範囲は、「－128～＋127」ということになるので、注意が必要です。

また、このプログラムは、7セグの表示に影響はしませんが、前にオシロスコープで測定したときのプログラムや波形とは異なるものになります。

PICで「RGBフルカラー」の「7セグメントLED」点灯

このプログラムで測定される波形は次のようなものになります。

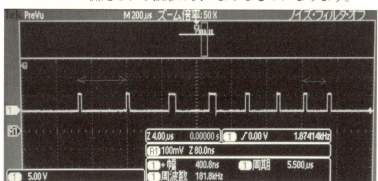

■ 周期の異なる波形

「矢印」の幅が「左側」と「右側」では、明らかに異なっています。
最初のビットでは周期が長く、終わりのビットでは、短くなっています。

そして、トータルの周期は、「$5.5\,\mu\text{sec}$」となっています。
最初に示した、オシロ画面の測定の「$2.6\,\mu\text{sec}$」の約2倍になっています。
これは、ループの処理に時間がかかっていることを示しています。

＊

この理由は、「ビットシフト」を行なう際に、「7ビットシフト」から始まり、その後「6ビットシフト」「5ビットシフト」とシフト回数が減っていくためと考えられえます。

PICのアセンブラ命令のシフト命令は、1ビットシフトであるため、複数ビットのシフトは、単純に1ビットシフト命令を必要回数繰り返すしかないからです。

＊

最初の波形測定で使ったプログラムでは、そのことを考慮して、ループを回るごとに行うビットシフトは、1bitシフトだけにするように工夫しています。

しかし、下位ビットまでシフトさせて「1」との「AND」をとり、「1」か「0」かを判定しているのではなく、「0」か「それ以外」かで判定している点に注意が必要です。

「if文」の判定は「ブーリアン」なので、「1」か「0」かしか判定しません。

この場合の「1」は、「0」以外はすべて「1」と見なします。

ですから、たとえば、「0x40(01000000)」と「0x40(0x80から右1ビットで変化するaの値)」とのANDは「1」です。

このように、「μsecオーダー波形」の生成プログラムでは、CPUの「メインクロック・レベル」のものになるため、普段は気にしないようなプログラムの書き方の工夫も重要になってきます。

■ セグメントごとに色を変えるか

「RGB7セグLED」は、「7セグメント表示」の常識を変える、画期的なものであると思います。

しかし、なぜこれまでの製品では発光色が限られてきたのかと言えば、「機能的に多色である必要はないから」ということでしょう。

「赤」や「緑」「青」「オレンジ」以外でも、もっと変わった色の表示があってもよかったのでしょうが、さすがにセグメントごとに異なる色を出せる必要はないと思いました。

実際、セグメントごとに異なる色を設定して何かの数字を表示してみると、一見して何の数字が表示されているのかが分からないのです。

このことは、機能面から考えるとマイナスでしかありません。

ですから、この高価な「7セグメントLED」の用途は、何か芸術的に意味のあるプロダクトへの応用ということになるのかもしれません。

＊

まず、考えられるのが「一風変わった色の変化するデジタル時計」。

その他には、このパーツのメーカーのHPには、「デジタル温度計」に使ったビデオが載っていて、「温度の変化によって、表示色が変化する」というものがありました。

これもよい利用法だと思います。

PICで「RGBフルカラー」の「7セグメントLED」点灯

■ 複数桁のRGB7セグメントLEDを接続して点灯

この「7セグメントLED」は、各セグメントを光らせるRGB－LEDそれぞれにマイコンを内蔵。

必要なシリアルデータを受け取って、任意の色を任意の輝度レベルで光らせることができます。

その表示は、次のデータが来るまでラッチ(保持)されます。

ですから、複数桁の7セグLEDを点灯するときによく使われる「ダイナミック点灯」のような1桁ずつ流しで点灯させる必要はありません。

表示した数字に変化がなければ、「メインCPU」は「RGB7セグメントLED」に対して、何の信号も送る必要はありません。

このことは、「CPU」を他の処理に専念させられるので、大変便利です。

*

実際にこの「RGB7セグメントLED」を使うときは、複数個連結して使うことになると思いますが、その際にも、接続は極めて簡単で、次の写真のように、チェインしていけばいいのです。

送るデータは、上位のモジュールの分から順に送り、続いて2個目、3個目のモジュールに対するデータを送ります。

このため、配線も非常にシンプルです。

ただし、各モジュールの接続の線が長くなるようなときは、必ず「2芯シールド線」を使って接続してください。

シールド線を使わずに配線すると、データが"なまって"、正しい表示にならなくなる場合があります。

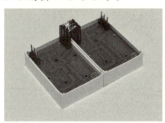 

2個のモジュールをピンコネクタで接続したところ(左)
2個の7セグLEDの点灯(右)

第2部 電子工作編

3桁表示例

この3桁点灯例のプログラムは、次のようなものです。

```c
《プログラム》
//---------------------------------------
// PIC18F1220 RGB 7Segment LED 3桁点灯  Program
//  Programmed by Mintaro Kanda    メインクロック  40MHz
//  2017-10-1(Sun)      CCS-Cコンパイラ用
//---------------------------------------
#include <18F1220.h>
#fuses NOIESO,NOFCMEN,HS,NOBROWNOUT,PUT,BORV45
#fuses NOWDT
#fuses NODEBUG,NOLVP,NOSTVREN
#fuses NOPROTECT,NOCPD,NOCPB,NOMCLR
#fuses NOWRT,NOWRTD,NOWRTB,NOWRTC,NOEBTR,NOEBTRB
#use delay (CLOCK=40000000)
#use fast_io(A)
#use fast_io(B)
int count=0;
int d1[2],d2[2];
void bit(int data)
{
    signed int i;
    int a=0x80;
    for(i=0;i<8;i++){
        if(data & a){
```

PIC で「RGB フルカラー」の「7 セグメント LED」点灯

```
            output_high(PIN_A0);
            delay_cycles(7);
            output_low(PIN_A0);
            delay_cycles(3);
        }
        else{
            output_high(PIN_A0);
            delay_cycles(3);
            output_low(PIN_A0);
            delay_cycles(7);
        }
        a>>=1;
    }
}
void reset(void)
{
    output_low(PIN_A0);
    delay_us(50);
}
void main()
{
    int val;
    set_tris_a(0x00);
    set_tris_b(0x00);
    setup_adc_ports(NO_ANALOGS);

    output_a(0x0);
    while(1){
        bit(0x0);bit(0x30);bit(0x0);//a 赤
        bit(0x30);bit(0x0);bit(0x0);//b 緑
        bit(0x0);bit(0x0);bit(0x30);//c 青
        bit(0x30);bit(0x30);bit(0x0);//d 黄色
        bit(0x30);bit(0x0);bit(0x30);//e 水色
        bit(0x0);bit(0x30);bit(0x30);//f 紫
        bit(0x10);bit(0x20);bit(0x0);//g オレンジ
        bit(0x30);bit(0x30);bit(0x30);//dot 白

        bit(0x30);bit(0x0);bit(0x10);
//a エメラルドグリーン
        bit(0x10);bit(0x20);bit(0x10);//b ピンク
        bit(0x10);bit(0x10);bit(0x10);//c 灰色
        bit(0x10);bit(0x10);bit(0x0);//d 暗い黄色
```

```
        bit(0x15);bit(0x0);bit(0x15);//e 暗い水色
        bit(0x8);bit(0x15);bit(0x4);//f 茶色
        bit(0x6);bit(0x12);bit(0x0);
//g 暗いオレンジ
        bit(0x10);bit(0x0);bit(0x0);//dot   暗い緑
        
        bit(0x0);bit(0x30);bit(0x30);//a 紫
        bit(0x0);bit(0x30);bit(0x30);//b 紫
        bit(0x0);bit(0x30);bit(0x30);//c 紫
        bit(0x0);bit(0x30);bit(0x30);//d 紫
        bit(0x0);bit(0x30);bit(0x30);//e 紫
        bit(0x0);bit(0x30);bit(0x30);//f 紫
        bit(0x0);bit(0x30);bit(0x30);//g 紫
        bit(0x0);bit(0x30);bit(0x00);// dot赤
        
        reset();
      delay_ms(5000);
//5秒後にデータ再書き込み(必須のものではない)
    }
}
```

「非接触給電キット」で「LED」を点灯

非接触給電を自作して楽しむ

スマホなどに利用されはじめている「非接触」の給電技術が、ホビー工作にも応用されています。

簡単なアナログ回路でLED点灯させるキットを作ったので、その「原理」と「作り方」、そして「遊び方」を紹介します。

● のるLAB

点灯例

「非接触給電」のイメージ

[注意] スマホなどの「非接触充電」（Qi）とは規格が異なるので、スマホなどの充電はできません。

第2部 電子工作編

■ 「非接触給電」とは

「非接触給電」とは、接点やコネクタなどを使わず電力を伝送することです。

代表的なものとしては、スマホなどに使われる「Qi」(チー)規格がありますが、「Qi」は通信が必要で、回路が複雑になり、コイル巻数も多くしないと受電できない、といった弱点があります。

＊

「非接触給電」の原理は、送り側の電力周波数に「共振」させる (Qを高くする)ことです。

これを実現するため、最初はデジタル回路で発振させたりして実験していました。

その後、1.5Vの電池でLEDを光らせる「ジュール・シーフ」という「昇圧回路」を応用することで、簡単な非接触給電を作ることができました。

■ 非接触給電の「給電回路」と「受電回路」

非接触給電の「給電回路」は、「ジュールシーフ回路」のコイル部分を「中点タップ付きの2回巻き」にしたものと「C3」(1000pF)のコンデンサで共振させるようにしています。

＊

周波数は「カットアンドトライ」で回路図のようなコイルサイズで、約8～10MHzの間に入ります。

ここは厳密な周波数を計算式で決定したいところですが、コイルの寄生容量など、いろいろな要因で不可能でした。

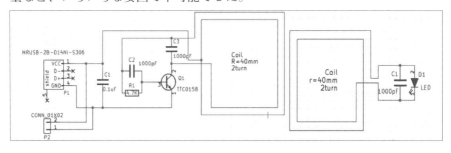

使用する「トランジスタ」は、電流を多く流すので、2Aくらい流せて、コレ

「非接触給電キット」で「LED」を点灯

クタ損失が1W以上のものを使います。

「給電回路」の供給電圧は「3V」から「5V」まで可能です。
「電圧」を上げると「給電能力」がアップしますが、使用トランジスタの電流が多く流れすぎて、発熱したり壊れたりする可能性があります。

＊

「受電回路」は、単純なコイルとコンデンサの「共振回路」にLEDを並列に接続しています。
受電は「交流」なので、LEDは片側方向だけの電流で光っています。
「制限抵抗」は特に入れていませんが、問題はないようです。

[注意] コイル周辺に導電性板などがあると電磁波が遮断されるので、動作しません。

■ 「給電回路」をキットで組み立てる

「給電回路」をユニバーサル基板などで組み立ててもいいのですが、基板の「蛇の目パターン」が金属なので、電力伝送の効率が落ちるため、お勧めしません。

私も、最初は木板に"空中配線"で組んでいました(図左)が、基板を作ってキット化(図右)したので、以下でそのキットの作り方を紹介します。

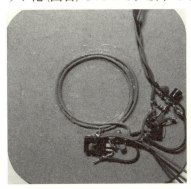 

空中配線で組んだ給電回路(左、実験中なので他の回路も含んでいる)とキットで組んだ給電回路

第2部 電子工作編

● 給電側パーツ

- トランジスタ……………… TTC015B (秋月電子)
  2SC3422でも可能
- コンデンサ………………… 1000pF×2　0.1uF
- 抵抗………………………… 4.7KΩ
- 電源コネクタ……………… マイクロUSBコネクタ利用
- コイル……………………… 基板内配線(手巻きする場合には25cmの長さで2回巻き&中点タップ)

● 給電回路の組み立て

[1] 基板の表側からマイクロUSBコネクタをハメ込んで、ハンダ付けします。

[2] 基板の表側に抵抗「R1」(4.7K)、コンデンサ「C1」(0.1μF,記号104)、コンデンサ「C2,C3」(1000pF,記号102)、をハンダ付けします。
ケースに収めるためにコンデンサは寝かせるように足をまげてください。

[3] トランジスタは、名称が見える向き(窪みが3つある側)に、「足」を根元から「4mm」くらいのところで曲げます(根元から曲げると足が折れてしまうので、注意)。
その向きで基板に差し込んでハンダ付けします。名称が上にきます。
真中の「コレクタ・ピン」は放熱を兼ねているため、熱が逃げやすいのでしっかり暖めてハンダ付けしてください。

基板内の部品配置

「非接触給電キット」で「LED」を点灯

[4] 基板だけでは「電気的に接触などの危険がある」のと「安定した置き台にする」ために、MDF板ケースに基板を組み込みます。

中心にコイルマークがある上面板(2.5mm)の裏面に「5.5mm厚の中間板」を木工ボンドで接着します。

基板を「部品面」を上にして置き、「4箇所の窪み」にスペーサーをハメ込んで、固定します。接着はしません。

ネジ穴のある裏板(2.5mm)を4本の皿木ねじでハメ込みます。
ネジの頭が平行になるように調整します。

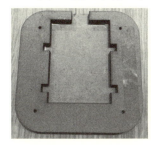

MDFケースへの組み込み

■ 「受電LED」を組み立てる

「受電側」は「コイルとコンデンサとLED」だけなので、手配線で行ないます。

● 受電側パーツ

- ・コンデンサ……………… 1000pF
- ・LED……………………… 高輝度タイプ(安いものはあまり光らない可能性あり)
- ・コイル…………………… ポリウレタン線(25cm)

第2部 電子工作編

● 受電LEDの組み立て

[1]「ポリウレタン線」の両端を5mmほど、ハンダでメッキしておきます。

[2] LEDの足にコンデンサ「1000pF」(102)の足を巻きつけるようにしてハンダ付けします(極性は関係なし)。
　巻きつけたコンデンサの「余分な足」をカットし、「LEDの足」も両端を5mmほど残してカットします。

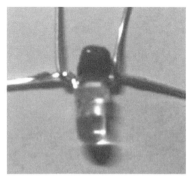

LEDとコンデンサの接続

[3] LED両端の足に「ポリウレタン線」を2回巻いてハンダ付けします。

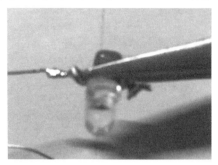
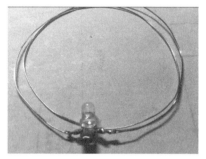

コイルの接続

[4] 給電板に「受電LED」を近付けて点灯するかを確認します。
　この受電LEDをいろいろなモノに取り付けて光らせると楽しいと思います。

「非接触給電キット」で「LED」を点灯

■ 受電側の応用

「受電LED」のコイルの形は、「長さ」と「巻数」と「コンデンサ容量」で受電効率が決まります。

25cm長さの2回巻きと1000pFが給電側と同じなので、いちばん効率が良くなります。

*

他の組み合わせの一例を示します。自分でいろいろ試してみると面白いと思います。

コイル例（左から）

1000pF	250mm長+30	直径31.0mmの2.5回巻き（LEDを中心に置くために2巻半）
2200pF	130mm長	直径20.5mmの2.0回巻き
2200pF	120mm長+14	直径15.3mmの2.5回巻き（LEDを中心に置くために2巻半）
2200pF	157mm長+46	直径50.0mmの1.0回巻き（端から中心にLED線を23mm）

・非接触給電実験キット - TypeB01
　……………………………… 受電LEDが手巻きコイル型

・非接触給電実験キット - TypeB02
　……………………………… 受電LEDも基板で作成

■ どのくらいの距離まで点灯するか

次は、「受電側」の「LED点灯方法」について実験しながらいろいろ調べてみます。

子供たちの「自由研究」の教材としても使えると思います。

＊

「受電コイル内」の「磁界変化」が大きいほど受電できる電圧が大きくなり、LEDが明るく点灯します。

「磁界変化」がいちばん大きい場所は、「送電コイル」の「真上」です。

そこから徐々に距離を離していくと電圧が小さくなり、最後にはLEDの順方向電圧(Vf)以下になり点灯しなくなります。

「LED色」では「赤」が「Vf」(順方向電圧)が低いので、かなり遠くまで(40mm程度)受電することが可能です。

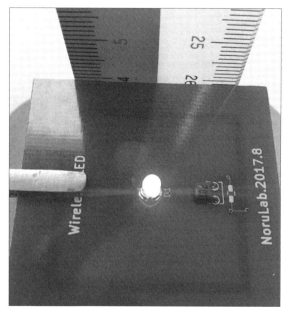

赤LEDではこの距離(40mm)まで可能

■ コイルの方向による変化

「受電コイル」は「送電コイル」と同じ平行向きにするのが一般的です。
試しに中央で縦にしてみると受電できず、点灯しません。
しかし、「送電コイル」の「端位置」で「縦」にするとLEDが点灯します。

これは「コイル端」では「送電磁界」が「横方向」に走るので、「受電」の「縦向きコイル」の内側を通り抜けることで「磁界変化」が起こるためです。
ただし、距離は延びませんでした。

中心で縦向きでは点灯しない(左)
端で縦向きなら点灯する(右)

■ 「コイル径」を小さくする

「受電コイル」のサイズをもっと小さくしてみたくなります。

「コイル径」や「巻数」を変えると、「共振周波数」が変化してしまうので、試行錯誤で求めたのが前回でも提示した「受電コイル組み合わせ定数表」です。

ここでは"指輪サイズ"の「23mm径」にするために、220mm長の線を3回巻いて1000pFと組み合わせてみました。

第2部 電子工作編

指にはめて「送電コイル」の「中心」ではなく「端」に置くと光ります。

受電コイル組み合わせ定数表

1000pF	220mm長	直径23.0mmの3.0回巻き(指輪用)
1000pF	250mm長+30	直径31.0mmの2.5回巻き(LEDを中心に置くために2巻半)
2200pF	130mm長	直径20.5mmの2.0回巻き
2200pF	120mm長+14	直径15.3mmの2.5回巻き(LEDを中心に置くために2巻半)
2200pF	157mm長+46	直径50.0mmの1.0回巻き(端から中心にLED線を23mm)

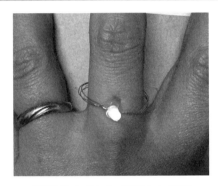

「指輪サイズ」にして「縦向き点灯」

■ 複数の受電LEDを点灯

複数の「受電LED」を点灯させたくなります。

「標準サイズ」(2回巻き 250mm)の「受電LED」のコイルを2つ重ねて置いてみます。

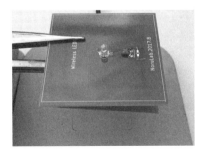

重ねた場合には点灯しない

「非接触給電キット」で「LED」を点灯

両方のLEDともに点灯できませんでした。
しかし少し離すと点灯します。
2つのコイルを重ねた場合には、コイル同士が影響し合ってコイル定数が変化し、「共振周波数」が変わってしまい、点灯しなくなったわけです。

そこで少し中心をズラして重ねてみると、点灯するようになります。

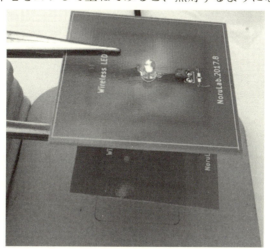

ズラして重ねると点灯する

3個の小さな「コイル径LED」をズラして重ねて固めてみました。

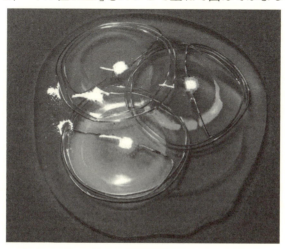

3つ重ねた例

■ 距離を延ばす工夫

2つの「受電LED」を点灯させる実験をしているときに面白い現象に出会いました。

縦方向に10～20mm離して置くと点灯する距離が延びるのです。間に置いたコイルが共振して、さらに遠方へ磁場変化を届けたと思われます。

そこでLEDをつけない「標準コイル」と「コンデンサ(1000pF)だけの板」(補間板)を作り間に入れみると65mmまで点灯する距離が延びることが分かりました。

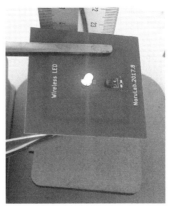

「補間板」を入れて距離を延ばして点灯

■ やっぱり中央で縦向き受電させたい

「補間板」を入れることで「点灯距離」を延ばすことができたので、うまく補間板を使えば中央で縦向き受電できるのではないかと考え、試してみました。

「補間板」を送電コイルの端に縦置きに置いてみます。
そうすると「磁界の向き」が「元送電コイル」と「補間板コイル」の間を通るので、受電できると考えました。

結果、位置は少しシビアですが、ちゃんと点灯させることができました。

補間板を入れて中央で縦向き点灯

■ 「インダクタ・コイル」でできないか

　もっと小さい「受電コイル」を定数を合わせて試しましたがコイルを巻くのが大変でした。

　そこで市販の「コイル」を探してみたところ、秋月電子の「インダクタ・コイル」(10uH、A823LY-100K)の仕様で、自己共振周波数14MHzというのが目に留まりました。

　もしかしたらLEDの寄生容量と合わせればコンデンサなしで点くかもしれないとさっそく実験してみました。

＊

　使用したLEDは「超高輝度LED」(OS5RKA3131A)です。
　仕様にどのくらいの寄生容量があるのか書かれていないのですが、この「インダクタ・コイル」と合わせると、ちょうど定数が合ったのかきれいに光ります。

　「赤」以外のLEDでは「青」は明るく光りませんでした。径が小さいので、複数並べても点灯します。

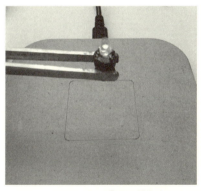 

「インダクタ・コイル」を使った受電LED(左)
「インダクタ・コイル」を使った受電LEDを8個並べる(右)

■ 直流化受電する

これまではLED点灯だけなので受電した交流をそのまま使っていました。

応用のためには直流化したほうが使いやすいので、「直流化回路」を「受電側」に入れてみます。

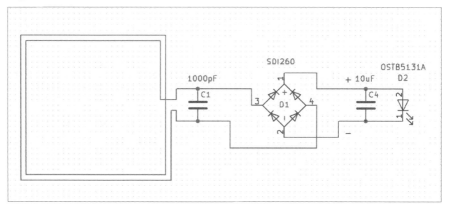

「直流化回路 LED」は「イルミネーションLED」

追加する部品は、「ブリッジダイオード」(SDI260)と「平滑用コンデンサ」(10uF)です。

注意しなければいけないのは、必ず「ブリッジダイオード」は「ショットキー型」を使うこと。そうしないと効率が悪くで電圧を出せません。

得られる直流電圧は距離によって大きく変化しますが、「イルミネーションLED」をつけた基板で計測した場合、「送電側」に密着させた位置で「4V程度」の電圧が取り出せます。

イルミネーションLED基板

「非接触給電キット」で「LED」を点灯

　電圧は流す電流などで大きく変化するので、定電圧が必要な場合には「レギュレーター回路」などを入れて安定化させてください。

　この回路を使って「イルミネーションフルカラーLED」を点灯させ絵柄をくり抜いたケースに入れてクリスマスを楽しみました。

　取り出せる電流は「20〜30mA」くらいまでと思われるので普通のモータなどは動かせませんが、「振動モータ」や「電流の少ないモータ」であれば動かすことができます。

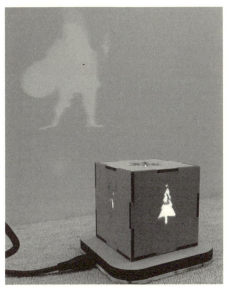

イルミネーションLEDを絵柄ケースに入れてみる

・非接触給電実験キット - TypeB01
　　………………………… 受電LEDが手巻きコイル型
・非接触給電実験キット - TypeB02
　　………………………… 受電LEDも基板で作成
・非接触DC受電基板キット
　　………………………… イルミネーションLED付き
・非接触給電LED（単色棒状）
　　………………………… インダクタンス・コイルを使ったLED

第2部 電子工作編

■ 非接触給電の応用

最後に、もう少し実用的(?)なものを実験してみます。

● "非接触"受電でマイコンチップを動かす

受電電圧は、距離などで変動しますが、距離が近ければ、4V以上で20mAくらいの電流は充分に流せます。そのため、小さなマイコンチップであれば動かせます。

そこで、「定電圧レギュレータ」が入っている最小のマイコン基板「8pino」を使って、「温度計」を作ってみました。

＊

「8pino」の電源ピン端子は「定電圧3.3V」なので「USB端子」に受電した電圧を与えて「定電圧レギュレータ」を通して動作させます。

そのためプログラムの動作確認をした後で、「USB端子」の「電源ピン」に受電の「DC出力」(ブリッジダイオードと平滑コンデンサで整流化)を直接ハンダ付けして接続します。

「8pino」基板には「アナログ温度センサ」と「指示LED」(赤、青)を接続し、温度範囲に応じて「低ければ青LED」「高ければ赤LED」が光るようにプログラミングします。

また8pino搭載の「白LED」は、「モールス符号」で「温度」を知らせてくれます。

＊

最後に「アクリル板」に「コイル」や「整流化部品」「8pino基板」をすべて載せて、レジンで完全に固めて防水しました。

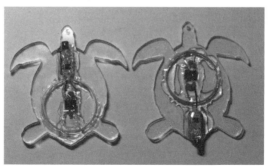

「8pino」を搭載した亀温度計(腹部分に受電コイルなど)

「非接触給電キット」で「LED」を点灯

「亀温度計」を「非接触給電」に載せた例

● 非接触受電でおもちゃを動かす

　ダイソーで売っている「ソーラーでゆらゆら動く人形」を「非接触受電」で動かしてみます。

　分解したおもちゃの「ソーラー電池」の代わりに、受電回路の「ブリッジ・ダイオード」と「平滑コンデンサ」で整流化した出力を、おもちゃの基板に、「プラス」「マイナス」を確認しながらハンダ付けします。

※ソレノイドコイルの線が細いので、切断しないように注意！

　動かすための「駆動ソレノイド」の横に、邪魔にならない位置に「受電コイル」を配置して、「動く人形」を上にハメ直します。

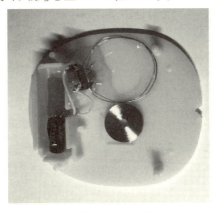

ゆらゆら人形の改造

「給電板」に載せると、"ゆらゆら"と動くようになりました。

※この実物は、シェア工房「TechShop Tokyo」(六本木)の受付で見ることができます。

TechShopで動いている「ゆらゆら人形」

● 「給電」をデジタル出力で「ON/OFF」制御

次は給電をデジタル制御で「ON/OFF」させてみます。

＊

低い電圧のデジタル信号でも「給電の電源」を「ON/OFF」できるように、「給電のGND側」の通電を「MOS-FET」を使って制御させることにします。

デジタル入力は「3.3V」レベルでも動作します。

試しに教育用のボードである「Micro:bit」に接続して、「ON/OFF」と「PWM制御」をしてみました。

動画：https://youtu.be/8tfsSx4VN2E

「非接触給電キット」で「LED」を点灯

「給電ON/OFF」付き給電板

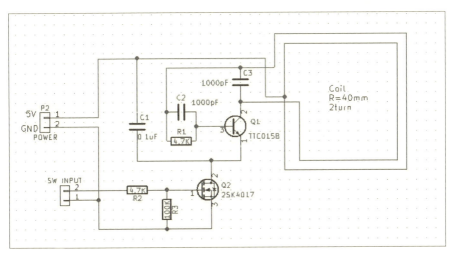

給電ON/OFF回路

● スピーカーを駆動して音を鳴らす

次は、「デジタル」ではなく「アナログ」的に変化させてみたくなりました。

「給電回路の電圧」を変えれば、「受電側の電圧」も変化するので、「MOSFET」の入力に電圧変化を与えて、「送電の電源電圧」を変えてみることにします。

第2部 電子工作編

*

「入力」として、「ヘッドホン端子」から音楽ソースを流し、「トランジスタ」で「増幅」させて「MOS-FET」のゲートに入れます。

「MOS-FET」の「ゲート入力」は適切な「バイアス電圧」を調整できるように、「半固定抵抗」で調整しています。

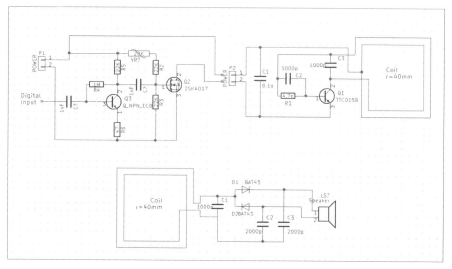

アナログ給電制御回路

この回路を「給電の基本回路」と独立させて、「FRISKケース」に組み込んで、そこから「給電板」に電源供給するようにしてみました。

「受電側」は、「単純なDC化」ではうまくいかず、「ゲルマニウムラジオ」と同じ「復調回路」(全波整流)を組んで、スピーカーに接続しました。

この「ダイオード」は「ショットキー型」のBAT43を使っています。

実際に音楽を流してみると考えていたよりもしっかりした良い音が聞こえてきてビックリしました。

このスピーカーデモは、「Maker Faire Tokyo2017」の「ファブラボ鎌倉ブース」でも行なったので、聞いた人もいるでしょう。

「非接触給電キット」で「LED」を点灯

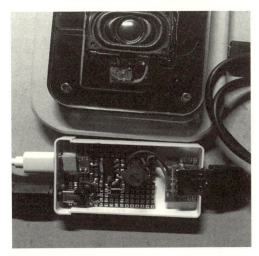

「アナログ給電回路」を「FRISK ケース」に入れて接続

■ "非接触"給電実験の面白さ

　非接触給電は枯れた技術ですが、まだまだ遊びながらでも応用を考えることができる要素技術です。

　今後もこの要素技術で何ができるかを考えて面白いものを作っていこうと思っています。

キットの購入先

「のるLAB」　https://norulab.base.shop/

- 非接触給電実験キット - TypeB01
  ……………………… 受電LEDが手巻きコイル型
- 非接触給電実験キット - TypeB02
  ……………………… 受電LEDも基板で作成
- 非接触DC受電基板キット
  ……………………… イルミネーションLED付
- 非接触給電LED（単色棒状）
  ……………………… インダクタンスコイルを使ったLED

索引

五十音順

あ行

- あ アクセス・ポイント ……………………… 22
  - アクリル板 …………………………………… 78
  - アナログメータ時計 ……………………… 74
- い インダクタ ………………………………… 97
  - インダクタ・コイル ……………………… 133

か行

- か がじぇるね ………………………………… 16
  - 加速度センサ ……………………………… 28
  - 可動コイル形 ……………………………… 76
  - ガラス・エポキシ ………………………… 68
- き 共振 ………………………………………… 122
- け 蛍光表示管 ………………………………… 80

さ行

- さ サーボモータ制御 ………………………… 63
- し シールド …………………………………… 9
  - ジュールシーフ回路 …………………… 122
  - 昇圧回路 …………………………………… 87
  - ショットキー型 ………………………… 134
  - シリアル通信 ……………………………… 60
  - シリーズ・レギュレータ ………………… 9
  - 磁力センサ ………………………………… 28
- す スイッチング・ノイズ …………………… 9
  - スイッチング・レギュレータ …………… 9

た行

- た ダイナミック点灯 ………………………… 85
  - タイマーIC555 …………………………… 87
  - ダイレクトUSBボード ………………… 20
- ち 直流化 ……………………………………… 134
- て 定電圧レギュレータ …………………… 136
  - 電圧 ………………………………………… 86
- と 統合開発環境 ……………………………… 10
  - 取り付けジグ ……………………………… 94

な行

- な 内蔵オシレータ ………………………… 112
- に ニキシー管 ………………………………… 80

は行

- は バイアス電圧 …………………………… 140
  - 発振周波数 ………………………………… 97
  - パルス幅変調 ……………………………… 87
  - 半固定抵抗 ……………………………… 140
  - ハンダジャンパ ………………………… 43
- ひ 非接触給電 ……………………………… 121
  - ビッグデータ ……………………………… 64
  - ビットシフト …………………………… 115
  - 表面実装 …………………………………… 31
- ふ フィジカル・コンピューティング …… 62
  - フィラメント ……………………………… 81
  - 復調回路 ………………………………… 140
  - ブリッジダイオード …………………… 134
  - ブレッドボード …………………………… 9
- へ ペリフェラル ……………………………… 10
- ほ 方形波 ……………………………………… 76

ま行

- ま マイコン・モジュール …………………… 31
- み ミラーパネル ……………………………… 99
- む 無線通信機能 ……………………………… 28
  - 無線モード ………………………………… 22

ら行

- り リアルタイム・クロック ………………… 76

わ行

- わ 割り込み発生用信号 ……………………… 98

アルファベット順

数字

- 7セグメントLED ……………………………… 102
- 85C1 ……………………………………………… 74

A

- ADC ……………………………………………… 60
- AP ………………………………………………… 22
- Arduino ………………………………………… 12
- Arduino IDE …………………………………… 10
- Arduino Pro mini …………………………… 41
- Aruduino Leonardo ………………………… 20
- ATmega328p-au ……………………………… 40
- ATmega32u4 …………………………………… 20

B

- banana pi BPI-R2 …………………………… 30
- BCM2825 ………………………………………… 18
- BLE ………………………………………… 28,60

索 引

Bluetooth ……………………………………… 66
BOSON ………………………………………… 47

C
CAD …………………………………………… 88
CCS-C ………………………………………… 106

D
DAC …………………………………………… 60
DIN 端子 ……………………………………… 104
DOUT 端子 …………………………………… 104
DS3231 ………………………………………… 76

E
EAGLE ………………………………………… 88
ESP32 ………………………………………… 33
ESP8266 …………………………………… 33,83

F
FET …………………………………………… 86
FlashAir …………………………………… 21,35

G
Ginger Bread ………………………………… 40
GPIO …………………………………………… 8
Grove コネクタ ……………………………… 29

H
HAT …………………………………………… 14
HID …………………………………………… 20

I
I/O エキスパンダ …………………………… 98
IchigoJam …………………………………… 26
IDE …………………………………………… 10
iSDIO ………………………………………… 23
IV-11 ………………………………………… 82

J
JN5164 ………………………………………… 38
jsdo.it ………………………………………… 63
Jumper ………………………………………… 43

K
Keymill ………………………………………… 73
Konashi ………………………………………… 59
konashi inspector …………………………… 61
konashi.js …………………………………… 61

L
LattePanda …………………………………… 25
LTE 通信モジュール ………………………… 29

M
M5Stack ……………………………………… 34
MAX6921 ……………………………………… 86
mbed …………………………………………… 10
MC34063 ……………………………………… 87
MCP73831 …………………………………… 41
micro:bit ……………………………………… 50
MONOSTICK ………………………………… 37
MOS-FET …………………………………… 140

O
OS5RKA3131A ……………………………… 133

P
PCF8574P …………………………………… 92
PIC18F1220 ………………………………… 104
PIECE ………………………………………… 52
Power Selector Port ………………………… 43
PWM ………………………………………… 60,75

Q
Qi …………………………………………… 122

R
RaspberryPi ………………………………… 13
RaspberryPi Zero …………………………… 18
Real Time OS ……………………………… 12
RGB フルカラー …………………………… 103
RTC …………………………………………… 76
RTOS ………………………………………… 12

S
SDI260 ……………………………………… 134
SDIO ………………………………………… 23
ST17H26 ……………………………………… 69
STA …………………………………………… 22

T
TWELITE ……………………………………… 36

U
UPL …………………………………………… 88

V
VFD 管 ……………………………………… 80

W
Web Bluetooth API ………………………… 34
Wio LTE ……………………………………… 29

Z
Zeptp.js ……………………………………… 64

143

[執筆者一覧]

arutanga
EK JAPAN
Ginger Design Studio
nekosan
ThousanDIY
大澤　文孝
大坪基秀
神田　民太郎
おかたけ
たまさ
のるLAB
本間　一
森田　純

本書の内容に関するご質問は、
① 返信用の切手を同封した手紙
② 往復はがき
③ FAX (03) 5269-6031
　（返信先のFAX番号を明記してください）
④ E-mail　editors@kohgakusha.co.jp
のいずれかで、工学社編集部あてにお願いします。
なお、電話によるお問い合わせはご遠慮ください。

サポートページは下記にあります。

[工学社サイト]
http://www.kohgakusha.co.jp/

マイコンボード&電子工作ガイドブック

2019年2月25日　初版発行　© 2019

編　集　I/O編集部
発行人　星　正明
発行所　株式会社工学社
〒160-0004 東京都新宿区四谷 4-28-20 2F
電話　(03)5269-2041(代) [営業]
　　　(03)5269-6041(代) [編集]
振替口座　00150-6-22510

※定価はカバーに表示してあります。

印刷：シナノ印刷(株)

ISBN978-4-7775-2073-2